さんいちブックレット

008

原発と御用学者

―湯川秀樹から吉本隆明まで―

土井淑平 著

原発と御用学者
——湯川秀樹から吉本隆明まで——

イラスト　TETSUYA

序文　福島第一原発事故から大飯原発再稼働へ

「ノド元過ぎれば熱さ忘れる」という諺がある。フクシマの大惨事を受けて、日本のすべての原発が止まり、しばしば原発ゼロの状態が続いていたが、〝柳の下のドジョウ〟の〝第二自民党〟の地肌を露出させた民主党の野田佳彦政権は、２０１２年７月ついに大飯原発を再稼働させた。ハエの一生涯の記憶力は10分と言われるが、日本の政治家や官僚たちの記憶力はそれに毛が生えた程度と嘆かざるを得ない。

２０１１年３月11日の東日本大震災を引き金とする福島第一原発事故の大惨事で、16万人もの住民がいまなお避難を余儀なくされ、事故を起こした４基の危険な原発から放射能のタレ流しが止まらず、この大惨事のあと始末も環境の復旧も住民の賠償も責任の所在の解明も、要するにすべてがナイナイずくしのお手上げの状態であるにもかかわらず、野田首相は福島第一原発事故の発生から１年も経たぬ２０１１年12月、早々と事故収束宣言を出したのに続いて、このたび大飯原発の再稼働へとナダレ込んだのである。

３・11の東日本大震災による未曾有の大地震と大津波は天災なので、政治家や科学者に責任はない。しかし、さきに国会事故調査委員会も認めたように、福島第一原発事故は明らかに人災である。それゆえ、主犯の東京電力と政府・官庁の責任はもとより、これまで原発を推進してきた科学者や政治家の責任が、あらためて問われるのである。

周知のように、３・11を引き金とした福島第一原発事故で、「原子力村」なるものが世間にクローズアップされた。いわゆる御用学者もその重要な構成員で、これまで電力会社をはじめ原子力産業から研究費や寄付金の名目で資金の注入を受けてきた。フクシマで事故が起きるや、かれらは地から湧いて出てきたかのように、「大丈夫です」「心配いりません」「健康に影響はありません」と異口同音に大事故の〝火消し役〟をつとめたことは、記憶に新しい。

しかしながら、「原子力村」という言葉には、日本の都会人が地方の田舎者を蔑む蔑称がつきまとっている。のみならず、国策による官民利益複合体たる原発翼賛体制の構造は、なるほど閉鎖的かも知れない小さな日本の素朴なムラにではなく、むしろ危険で巨大なマフィアに比すべきものである。それゆえ、わたしは新著『原子力マフィア——原発利権に群がる人びと』（編集工房朔、２０１１年）で、いわゆる「原子力村」を「原子力マフィア」と言い換えて、それに構造的な分析を加えた。

この「原子力マフィア」の一角を占める大学や研究機関から、大量の御用学者が排出されているわけである。本書は明治以来の科学と政治の絡み合いを解きほぐしながら、３・11のフクシマの大惨事のあともなお原発に執念を燃やし、大飯原発の再稼働を手始めに猛烈な巻き返しを図っている電力会社をはじめとする原子力産業、並びに、自民党政権から民主党政権に受け継がれた政府・官庁の同伴者たち、すなわち、日本の科学者と政治家の社会的責任を歴史的観点から追及しようとするものである。

フクシマでクローズアップされた御用学者の歴史的ルーツは、明治以後の「帝国主義科学」ないしは「植民地科学」であって、それは国立の帝大つまり帝国大学と研究機関を主要な供給源としている。これら帝大と研究機関の御用学者たちは日清・日露戦争以来、日本資本主義の帝国主義的な海外進出と侵略戦争の展開とともに成長してきた。その帝大と研究機関の御用学者たちの罪深い体質は、今日の〝もう一つの戦争〟ともいえる〝原子力戦争〟において、しかもフクシマの大惨事というかたちで装い新たによみがえっている。

日本の原子力開発のゴッドファーザーは正力松太郎と中曽根康弘だが、警察官僚出身の正力松太郎がＣＩＡと水面下で接触しながら、日本に原発を導入した経緯は本書でかいつまんで報告した通りである。そのあとを受けて原発の利権構造をつくり上げ、自らその最初のご利益に預かったのは田中角栄である。その田中角栄の直前の自民党の総裁で首相の佐藤栄作は、まるでカブキ役者の市川団十郎のように格好をつけて、表向き沖縄返還交渉の過程の国会で「非核三原則」をうたい、その裏側ではアメリカのために「日米核密約」の〝抜け穴〟を通していた。

しかも、佐藤栄作は「日米核密約」の抜け穴を隠した「非核三原則」で、〝ブラック・ジョーク〟さながらノーベル平和賞を受賞したのであるが、その時期に日本の核武装の研究を秘かに進めていたことも忘れてはならないことである。いわゆる核燃料サイクル計画なるものは高速増殖炉と再処理工場を目玉として、日本の「核武装の潜在力」ないしは「核兵器生産の技術的能力」の軍事的担保という意味合いを持っていたのである。

本書で明らかにしたように、日本の科学は政治と歩調を合わせて歩んできた。戦後日本の科学運動である民主主義科学者協会（民科）と日本科学者会議（日科）は、日本共産党の影響下に原子力の平和利用を擁護してきたが、日本共産党はフクシマで遅ればせの方向転換をするまで、科学技術の進歩と発展の図式から原発を容認してきたのである。面白いことに、その原発擁護論は反日共系知識人たる吉本隆明のそれと〝瓜二つ〟で、わたしが吉本隆明と日本共産党に象徴される新左翼知識人と旧左翼共産党を指して、〝そっくりさん〟と名づけたゆえんである。本書のサブタイトルで取り上げた湯川秀樹は、戦時下に日本の原爆研究に関与し、戦後は「ラッセル・アインシュタイン宣言」や「パグウッシュ会議」の流れから、核兵器の廃絶を主張する平和運動に参加するが、その半面で原子力の平和利用を容認し、初代の原子力委員長となった正力松太郎のもとで、原子力委員に就任して原発の着手の一翼を担った。

しかし、日本で最初のノーベル賞の受賞者たる湯川秀樹は朝永振一郎などとともに、アインシュタインの遺言を受け継ぐかたちで、科学と倫理の関係を真剣に問い、科学者の社会的責任を自覚するに至った。その厳しい自覚のありようは爪の垢でもいいから、今日の御用学者や吉本隆明に煎じて飲ませたいほどである。

本書のサブタイトルのもう一人の人物である吉本隆明は、１９６０年安保闘争で人気を博した詩人・文芸批評家・思想家で、いまだ「戦後最大の思想家」と持ち上げる支持者も一部にいるが、東京工業大学の電気化学科を卒業し、インキ最大手の東洋インキ製造株式会社で技術者として勤めていたので、「科学者」とは言えないまでも「科学技術者」の一人と考えて差し支えなかろう。

吉本隆明は去る3月16日に87歳で死去したが、前年３・11の福島第一原発事故以後、『毎日新聞』や『日本経済新聞』、あるいはまた、『週刊新潮』の新年特大号などで、まるで３・11のフクシマなどなかったかのように、原発を「科学技術の進歩」や「文明の発達」の名で持ち上げ、反原発は人間が猿に戻ることだと称して、亡くなる直前まで反原発や脱原発を批判してきた。

この期に及んでの「戦後最大の思想家」とやらの原発弁護論は、いうなれば、「戦後思想最後で最大のスキャンダル」と名づけていい出来事であった。わたしは『反核・反原発・エコロジー ―― 吉本隆明の政治思想批判』(批評社、１９８６年）以来、吉本隆明を一貫して批判し論争を展開してきたが、その死に際しては批判してきた人間の責任において、追悼文ならぬ追悶文「吉本隆明の死去と戦後思想家としての評価」(土井淑平の公式ホームページ http://actdoi.com に掲載）を発表し、吉本隆明の位置づけをめぐる私見の要点にまとめて公けにしておいた。

原発の開発が「物質の起源である宇宙の構造の解明の一歩前進」だとする吉本隆明の見解は、科学と技術の区別すらわきまえず理工系大学の学徒のそれとはとても思えないほど認識のレベルが低い。いわゆる「宇宙の構造」や「物質の起源」は、原初の宇宙の大爆発であるビッグバンの直後に誕生したとされる素粒子の一つ、すなわちヒッグス粒子についてのごく最近の科学上の大発見に関係する事柄ではあっても、科学の「応用」といよりも「悪用」によるおぞましい「技術」の「産物」たる原発に何も負うものでないことは、原爆という核兵器がそうでないのとまったく同様である。

本書で歴史的な経緯を解き明かすように、核兵器や原発の問題をめぐる科学者の責任と政治家の責任は表裏一体である。３・11について言うと、当時首相だった菅直人が浜岡原発を止めた点だけは評価できるが、ヨウ素剤の配布やスピーディ（緊急時迅速放射能影響予測ネットワークシステム）の公表を遅らせ、住民に余計な被曝を余儀なくさせたばかりか（前掲土井の公式ホームページ http://actdoi.com の「福島第一原発の事故隠し」を参照）、恐るべき事故の実態や汚染の真実をもみ消して、何事もなかったかのように原発輸出や原発再稼働に突っ走るなど、福島第一原発事故をめぐる民主党の菅政権と野田政権の責任は大きい。歴史的な大事件は科学者と政治家の真贋を試すのだ。

第1章　帝国大学の設立と総力戦下の科学動員

――帝国主義科学 or 植民地科学――

●日本における科学の制度化

これから湯川秀樹から吉本隆明までの科学者の社会的責任を追及していく。それに先立って、広重徹の『科学の社会史』（中央公論社、１９７３年）など科学史の研究を参考に、近代日本における科学と科学者の歴史を政治と絡めながら駆け足でたどり、いわゆる御用学者なるものが明治以来の日本国家の富国強兵政策と帝国主義科学に起源を持ち、第二次大戦下の国家総動員体制の一産物としての科学動員を背景としている、ということを指摘したい。

広重徹が指摘していることだが、17世紀に成立する世界の近代科学の担い手は決して職業的な科学者ではなく、科学研究は医者とか商人とか牧師とか貴族の余暇的活動として行なわれていた。

たとえば、電気と磁気の父ともいわれるイギリスのギルバートは医者、質量保存の法則を発見したフランスのラヴォアジエは徴税請負人兼火薬監督官、酵素の発見者のイギリスのプリーストリは非国教派の牧師、原子説を唱えたイギリスのドルトンも非国教派の牧師、電磁誘導の法則などを発見したイギリスのファラデーは年季奉公職人の出身、といったようにいずれも独学の科学者であった。

ところが、18世紀末から19世紀にかけて産業革命とフランス革命の結果、ヨーロッパでもアメリカでも科学が職業化し制度化する。広重徹のいわゆる「科学の制度化」ないしは「科学の体制化」の始まりである。

日本人による西欧近代科学の学習は、杉田玄白の『蘭学事始』に出てくる1770年代のころに始まるとはいえ、徳川幕府は1853年（嘉永6）のペリーの来航以来、最初から西欧近代科学を制度として移植することに全力を注いできた。

そのため、徳川幕府は1855年（安政2）に長崎に海軍伝習所を設立して、オランダ人を教官として航海・造船・測量・砲術の教育を始め、基礎科学として物理学・化学・数学・医学の教育も行なった。同じ1855年に幕府が設けた洋学所が、のちの東京大学の前身である。

一方、幕府は1862年（文久2）に榎本武揚や西周らの留学生をオランダに派遣したのを手始めに、学術や貿易のための海外渡航の道を開いた。諸藩でも以前から薩摩や長州は禁を犯して青年をイギリスに留学させていたが、幕府の渡航許可いらい留学生を海外に送る藩が急速に増加した。

洋学所は開成所などと名称を変えながら明治政府に引き継がれたし、お雇い外国人や留学生による間に合わせの教育も、1868年の明治維新後そのまま明治新政府が引き継ぐことになった。

●帝国主義の展開と帝国大学の設立

年表1「科学と政治（明治～昭和）」で見るように、東京大学が誕生したのは1877年（明治10）である。明治10年といえば西南戦争が起きた年である。その後、日本における富国強兵と帝国主義の展開のなかで、帝国大学令が1886年（明治19）に公布されたが、これは1889年（明治22）に発布された大日本帝国憲法に対応するものである。（年表1　科学と政治（明治～昭和））

そもそもの出発点からして学問と国家の密接な結び付きは、「帝国大学令」第一条の「帝国大学ハ国家ノ須要

年表１　科学と政治（明治～昭和）

科学	政治	世界
	1868　明治維新	
		1871　パリ・コミューン
1877　東京大学創立		
1879　東京学士会院設立		
	1889　大日本帝国憲法発布	
	1894　日清戦争（～95）	
1897　京都帝大創立		
	1904　日露戦争（～05）	
1906　東京学士会院を帝国学士院に改組		
1907　東北帝大創立		
1911　九州帝大創立		1912　中華民国成立
		1914　第一次大戦（～18）
1917　理化学研究所設立		1917　ロシア革命
1918　北海道帝大創立	1918　米騒動／シベリア出兵	
		1920　国際連盟成立
	1922　関東大震災	
	1925　治安維持法公布	
	1928　特高警察設置	
1929　東京工大創立		1929　世界恐慌
1931　大阪帝大創立	1931　満州事変	
1932　日本学術振興会設立		
		1933　ナチス政権獲得
	1937　日中戦争始まる	
	1938　国家総動員法公布	1939　第２次大戦（～45）
1939　名古屋帝大創立		
	1940　大政翼賛会発足	
	1941　太平洋戦争始まる	
		1943　イタリア降伏
	1945　広島・長崎に原爆投下／日本降伏	1945　ドイツ降伏／ポツダム宣言

ニ応スル学術技芸ヲ教授シ及蘊奥ヲ攷究スル（攷は考の古字）ヲ以テ目的トス」に集中的に表現されている。

帝国大学令を制定した文部大臣の森有礼の「帝国大学に於いて教務を挙る。学術の為と国家の為とに関することあらば、国家のことを最先にし、最重んぜざるべからず」も、帝国大学の国家主義を端的に象徴し、大学は国家に従属すべきものとしているのである。

帝国大学を東京だけでなく京都にも設けて互いに競争させるべきだとの考えから、1894年（明治27）に起きた日清戦争後に京都帝大が設立される。日清戦争の戦費は当時の日本の経常歳入の二倍に当たる二億円だったが、1897年（明治30）の講和条約によって獲得した賠償金はその一・八倍の3億6400万円にのぼり、この賠償金と戦後景気が京都帝大の設立を財政的に支えたのである。

それればかりでなく、1904年（明治37）に始まる日露戦争の戦後景気のなかで、東北帝大と九州帝大の設立の予算が計上され、1907年（明治40）に東北帝大、続いて、1911年（明治44）に九州帝大の設立に至る。1910年（明治43）といえば、日本が朝鮮を併合し大逆事件で社会主義者に弾圧を加えた年である。このように、東北・九州の両帝大の設立は日本の帝国主義的な海外進出が開始された時期に当たる。

つまり、明治の日本の資本主義的発展と帝国主義的進出に歩調を合わせて、東京・京都・東北・九州の各帝国大学が相次いで誕生しているわけだ。ここには、今日の御用学者なかんずく原発御用学者の登場に先立って、そもそもの初めから帝国大学に端を発する国立大学が背負うべき、国家と戦争に組み込まれた原罪が象徴されている。

いわゆる学会なるものの起源を見ておくと、東大開設の2年後の1879年（明治12）に東京学士会院が設立されている。当時の会員は福沢諭吉、加藤弘之、西周ら西欧文明の啓蒙者で占められた。

東京学士会院は1906年（明治39）に帝国学士院に改組されるが、帝国学士院は1910年（明治43）に皇室からの下賜で恩賜賞を設け、これを誘い水に1911年（明治44）に三井・三菱の両財閥からの寄付でいわゆる学士院賞を制定する。

さらに、これに続いて、1912年（大正1）には住友・古河の両財閥も研究費の寄付を申し出て、学士院の研究費補助が始まる。このようにして、第一次大戦の前夜には学士院という国家機関を通して、日本における科学研究の組織化と体制化が動き出したわけである。

さきに見た帝国大学の設立経緯ともども、今日の原発御用学者の排出にはるかに先立って、ここに日本の科学と国家の構造的癒着の歴史的起源、いわゆる産官学共同のルーツがあることは言うまでもない。広重徹のいわゆる「科学の制度化」ないしは「科学の体制化」の始まりである。

●帝国主義科学ないし植民地科学

こうした背景をもとに、日本の科学が「帝国主義科学」ないしは「植民地科学」という性格を濃厚にしていくことをこれから見ていくが、むろん日本の科学研究がすべて「帝国主義科学」ないしは「植民地科学」の産物だったわけでない。

明治末から大正初めの第一次世界大戦の前夜には、国際的レベルに近づく研究と業績も現われ始める。たとえば、1897年（明治30）の志賀潔の赤痢菌の発見、1901年（明治34）の高峰譲吉のアドレナリンの発見、1910年（明治43）の鈴木梅太郎のオリザニン（ビタミン）の発見、1913年（大正2）の野口英世による梅毒の細菌であるスピロヘーダーの純粋培養などである。

ここで、年表1「科学と政治（明治〜昭和）」を見ながら、帝国主義の時代の世界と日本の動きを押さえておくと、

1914年（大正3）に第一次世界大戦が勃発し、1917年（大正6）にロシア革命が起きる。

日本軍は第一次世界大戦に参戦して、ドイツ領の南洋諸島と中国山東省の青島（チンタオ）を占領し、1915年（大正4）に中国の袁世凱大総統に21カ条要求を突き付ける。さらに、1918年（大正7）にはロシア革命をつぶすための帝国主義列強の対ソ干渉戦争の一翼を担い、シベリアへの出兵を強行した。折しも、日本は富山県魚津町の女たちに始まり、またたく間に全国を席巻した米騒動の最中であった。

日本の政府は第一次世界大戦の戦中から戦後にかけて、東大の理工学部の教授や軍人を派遣して、この総力戦における欧米各国の科学動員の実情を視察させている。日本で総力戦下の科学動員が実際に開始されるのは第二次世界大戦においてだが、中国東北いわゆる満州占領のための宣戦布告なき侵略戦争たる満州事変に突入した翌年、つまり1932年（昭和7）に設立された日本学術振興会は科学動員の第一歩を印すものであった。

政府による日本学術振興会への補助金は帝国学士院の補助金などとはケタ違いの大きさである。しかも、この日本学術振興会の研究活動が日本帝国主義の中国進出や南方進出に関連していることは、最初の5年間に設置された特別委員会のなかに、「満蒙支の経済諸問題」や「太平洋島嶼長期昇降」が含まれていることからも明らかである。

前者は中国東北の満州農業移民問題を、後者は南洋のマリアナ・カロリン・マーシャル諸島の委任統治区域を、それぞれ取り上げた。この満州科学や南方科学が、帝国主義的海外進出と植民地経営のための科学、すなわち、帝国主義科学ないしは植民地科学であったことは言うまでもない。

当時、中国の東北地方の満州国は日本の植民地で、日本政府は日露戦争のあと満州の利権をロシアから獲得し、1906年（明治39）に半官半民の特殊会社たる南満州鉄道株式会社いわゆる満鉄を設立していた。

満鉄の初代総裁は後藤新平で、「満州経営概要」に「戦後満州経営唯一ノ要訣ハ、陽ニ鉄道経営ノ仮面ヲ装イ、陰ニ百般ノ施設ヲ実行スルニアリ」とあるように、文字通り植民地経営のための中核組織として、都市・炭鉱・製鉄・農地の経営から大学をはじめ学校や研究所まで、まことに広範囲かつ多彩な事業を展開したのである。

すでに、大連には後藤新平の提唱で１９０７年（明治40）、関東州都督府中央試験所が設立されていたが、１９１０年（明治43）には満鉄の経営に移行し、資源調査から化学工業の開発研究まで、植民地科学の前線機関の役割を手広く果たした。１９４０年（昭和15）当時の所員は５００名近く、年間経費は３００万円であったが、それはこの年の文部省科学研究費の総額に相当するものである。

広重徹が「植民地科学は、世界的にみて自然誌的諸科学から始まるのが通則」と指摘するように、満州においても１９３３年（昭和８）に満蒙学術調査研究団が派遣され、生物学的並びに地質学的調査が行なわれている。これは外務省・学術振興会・満鉄などが財政援助し、陸海軍と満州国が後援したものである。

これを後押しして、『東京朝日新聞』（１９３３年３月26日）は「満蒙資源科学座談会」を掲載しているが、鈴木梅太郎の「支那人のためにさう骨を折るのは馬鹿々々しい」との発言は、満蒙学術調査なるものが植民地経営のための植民地科学という御用科学であることに気付かぬ、灯台もと暗しの言説である。

事実、満州は日本の産業の重化学工業化にとって重要な契機となった植民地で、現在の日本の三大原子炉メーカーの一つである三菱重工業は、１９３４年（昭和９）に成立しているが、これは植民地だった満州国への工業進出を下地として、日本の財閥系企業が大々的な重化学工業化に乗り出したことを物語るものである。

のみならず、満州国はいわゆる革新官僚にとっても国家総動員法や戦時国家統制経済の計画を推進するさいの実験場の役割をも担った。１９３５年（昭和10）に満州国のハルビンに設立された大陸科学院は、官庁の割拠主義を打破して科学院のもとに権限を統合し、資源の開発や満州に適合した技術の育成によって、産業の振興を図ることを目指した。当時、商工次官だった岸信介などもいわゆる革新官僚の有力な一人である。

むろん、満州だけでなく中国の本土においても、日本政府は植民地科学を興した。日本で学術振興会の設立運動が展開中の1931年（昭和6）、外務省文化事業部が上海に設立した上海自然科学研究所は、1900年（明治33）の義和団事件のあと中国から取り立てた賠償金をもとにしていた。このほか、北京には図書館と人文科学研究所が設立された。

こうした帝国主義科学ないしは植民地科学の意図は満州事変勃発から日中戦争突入までの経過によって露出したが、太平洋戦争はもう一つの帝国主義科学ないしは植民地科学たる南方科学の動機を示すものであった。

●総力戦下の科学動員と思想弾圧

武装した海軍の青年将校が首相官邸に乱入して犬養毅を暗殺した1932年（昭和7）の五・一五事件、陸軍の皇道派が昭和維新を唱えて起こした1936年（昭和13）の二・二六事件を経て、1937年（昭和12）の北京郊外の盧溝橋事件をきっかけに日中戦争が勃発するや、日本政府は1938年（昭和13）に国家総動員法を議会で通過させて公布し、産業や金融はもとより国民の財産や生活まで、ことごとく統制する権限を握った。

国家総動員法の第25条は、科学動員について「総動員物資ノ生産若ハ修理ヲ業トスル者又ハ試験研究機関ノ管理者ニ対シ試験研究ヲ命ズルコトヲ得」と規定し、第37条でこの命令に反する者は罰金に処するとしている。つまり、これによって、科学動員または研究動員は法的な根拠と強制力を得たわけである。

この総力戦下の科学動員の時代は、軍国主義と思想弾圧の時代でもあった。すなわち、1932年（昭和7）には特別高等警察部いわゆる特高が置かれて共産党の一斉検挙があったし、1933年（昭和8）には河上肇の検挙、小林多喜二の虐殺、佐野学・鍋山定親の転向声明などの事件が相次いだ。

科学動員の第一歩たる日本学術振興会が設立された1932年（昭和7）、戸坂潤をはじめとするマルクス主義者のほか寺田寅彦のような非マルクス主義の科学者も参加して唯物論研究会が発足している。1930年代の思想弾圧は主としてマルクス主義者と共産党のいわゆるアカを対象としたが、その矛先は軍国主義や国粋主義とは相容れない自由主義者にも向けられたのである。

1935年（昭和10）には軍部の台頭を背景に天皇機関説事件が起き、日露戦争後の学界で通説となっていた美濃部達吉の天皇機関説が、国体にもとる反逆思想だとして貴族院で排撃決議が上げられた。美濃部達吉の憲法に関する著書は発禁処分となり、不敬罪で告発されて検事局の取り調べを受け、起訴猶予処分となったものの貴族院議員の辞職を余儀なくされ、翌年には右翼の暴漢に銃撃されて重傷を負った。

美濃部達吉の天皇機関説は、要するに天皇は法人である国家の機関だとするものだが、この天皇機関説においても国家意思の最高決定権たる主権は天皇にあるとされた。しかし、右翼団体や在郷軍人会のなかには、機関説をまったく理解しないどころか、語呂合わせでもあるまいに、「畏れ多くも天皇陛下を機関車・機関銃に喩えるとは何事か」、と激昂する者まで現れたというから笑えてくる。

天皇機関説事件の翌1936年（昭和11）の二・二六事件以後、政府は自由主義排撃を声明し、思想弾圧を一段と強化しながら、ファシズムの体制に向かって突き進んでいく。こうした流れに抗して、数学者の小倉金之助は「自然科学者の任務」で「科学的精神」を掲げて抵抗したし、物理学者で科学ジャーナリストでもあった石原純も、自ら編集主任をつとめる雑誌『科学』などで「科学的精神」の徹底を主張した。

小倉金之助のいう科学的精神とは、「多くの事実あるとき、……経験的事実を基礎としてそれらの因果の関係ありや否やを考へ、若し関係ありとせば如何なる関係ありや、その法則を発見せんとする精神」（小倉金之助『科学的精神と数学教育』岩波書店、1937年）である。これはあとで取り上げる科学の方法に通じるものと言える。

第2章　戦時下の原爆製造計画から戦後の原子力平和利用へ

――湯川秀樹と武谷三男――

原子爆弾は1938年のオットー・ハーンらによるウランの核分裂反応の発見を契機に、アメリカの科学者やマンパワーを総動員して1942年から米国がマンハッタン計画で原爆の製造に着手した。その結果、1945年7月16日にニューメキシコ州のアラモゴルドの砂漠で最初の実験に成功し、その年の8月6日の広島への原爆投下、さらに続いて、8月9日の長崎への原爆投下へと至る。

ヒトラーのドイツも含めて欧米各国が原爆製造計画を進めるなかで、第二次世界大戦下の大日本帝国にも二つの原爆製造計画があった。すなわち、「ニ号研究」と「F研究」である。

●「ニ号研究」と「F研究」

まず、「ニ号研究」は、1941年に陸軍航空本部が理化学研究所の仁科芳雄研究室に委託し、1942年に仁科博士の頭文字からカタカナの「ニ」を付け、陸軍航空本部直轄の「軍事機密研究ニ号研究」としてスタートした。

この研究には理化学研究所のほか、東京帝大、大阪帝大、東北帝大の研究者も参加している。その顔ぶれのなかには、東京帝大の嵯峨根遼吉助教授、理研の仁科研究室にいた武谷三男や朝永振一郎も含まれていた。

これはウラン235を熱拡散法で濃縮するもので、1944年に理化学研究所の構内に熱拡散塔が完成して濃縮実験が始まるが、この熱拡散塔は一九四五年の東京大空襲で焼失し、仁科博士は研究の中止を宣言した。アメリカの占領軍ＧＨＱは仁科博士の抗議にもかかわらず、同年末に理化学研究所の荷電粒子の加速器サイクロトロンも破壊した。

ところで、理化学研究所の設立は１９１７年（大正６）と非常に古いことに驚かされる。これは科学研究と産業技術をつなぐ文字通りの国家的事業として、当時の政府・財界・実業家のトップレベルの人たちが集まってつくったもので、第二次世界大戦下に原爆製造計画を委託されたのも当然のことかも知れない。

つぎに、「Ｆ研究」は、核分裂を意味するＦＩＳＳＩＯＮ（フィッション）の頭文字から「Ｆ」を取ったもので、１９４２年から海軍技術研究所が仁科芳雄を委員長に、トップクラスの科学者を集めた物理懇談会を開催して原爆の可能性を探り、１９４３年に京都帝大の荒勝文策教授の研究室に原爆製造研究を委託した。

この「Ｆ研究」には京都帝大の湯川秀樹教授や名古屋帝大の坂田昌一教授も参画している。「二号研究」がウラン濃縮を熱拡散法で試みたのに対して、「Ｆ研究」は遠心分離法を試みることになったが、戦況の悪化で１９４５年には中止を余儀なくされた。

原爆製造に必要なウランは朝鮮半島、満州、モンゴル、新疆などで探索が行なわれたものの、はかばかしい成果は得られなかった。そこで、福島県石川郡石川町で中学生以上の生徒らを勤労動員して採掘したが、ウランの含有量は微々たるものであった。当時、岡山・鳥取県境の人形峠や岐阜県の東濃地区のウラン鉱床は発見されていなかったのである。

仁科芳雄

●仁科芳雄と広島・長崎への原爆投下

武谷三男によれば、戦前に日本に核物理学を移植し、さらにまた、戦時下の原爆製造研究をリードした仁科芳雄は、１９４１年12月の日本軍による真珠湾攻撃の直後、理化学研究所の学会でこう語っている。

「アメリカと戦争が始まって、これから大変だ。しかしわれわれ学者として重要なことは、戦争が終わってフタをあけたときに、アメリカと日本の学問を比較してみて、日本が全然劣っていたということになれば、これははなはだみっともない。したがってみっともなくならないために、つまり日本国の威信のために、われわれは大いに純粋研究をしなければならない。」（１９４１年12月の理化学研究所の学会での仁科芳雄の発言、武谷三男・星野芳郎『原子力と科学者』、朝日新聞社、１９５８年の「太平洋戦争のころ」より）

アメリカがマンハッタン計画を推し進めたのは、ヒトラーより先に原爆をつくるという至上命令によってだったが、１９４５年春にはナチス・ドイツの敗北はすでに現実のものとなっていた。つまり、原爆を製造するそもそもの動機が失われていたわけだが、にもかかわらずアメリカはその年の8月6日に広島、続いて8月9日に長崎に原爆を投下した。これは「ヒトラーより先に原爆を」が「戦争終結より先に原爆投下を」に、いつの間にかすり替わった結果である。

アメリカの原爆製造計画の言い出しっぺで、アインシュタインを動かしてルーズベルト大統領宛ての手紙を書かせた亡命科学者のレオ・シラードは、ナチス・ドイツの敗北後の原爆使用に最初の警鐘を鳴らした人物でもあった。しかし、マンハッタン計画の責任者のグローブズ将軍は、シラードやシカゴの科学者たちの原爆投下への憂慮を押しのけ、トルーマン大統領のゴー・サインで日本への原爆投下が決定されたのであった。

アメリカが広島に原爆を投下した１９４５年８月６日、トルーマン大統領は「これは核爆弾である。核爆弾は宇宙の根源的な力を応用したものである。極東の戦争責任者たる日本に対して太陽の原動力ともなっている力を放出したのである」との声明を発表した。

日本の大本営は８月７日、「一　昨８月６日広島市は敵B29少数機の攻撃により相当の被害を生じたり／二　敵は右攻撃に新型爆弾を使用せるものの如きも詳細目下調査中なり」と発表した。しかし、軍の中枢はこの「新型爆弾」が「核爆弾」ではないかと疑っていた。

1945年８月６日、広島に投下された原爆

1945年８月９日、長崎に投下された原爆

それゆえ、８月６日の広島への原爆投下のあと、陸軍はこれを確認するため理化学研究所の仁科芳雄を広島に派遣したのである。仁科は８日に広島入りして、持参した未感光の写真看板を現像してみて感光したので、この新型爆弾が核爆弾であると確信した。海軍もまた京都帝大の荒勝文策教授らを広島に派遣して調査した結果、荒勝教授らも新型爆弾が核爆弾であると認めた。

８月10日に広島で開かれた大本営派遣調査団による陸海軍合同研究会議において、両軍の幹部に「本爆弾ノ主体ハ普通爆弾、又ハ焼夷剤ヲ利用セルモノニ非ズ。原子爆弾ナリト認ム」との「判決」を下した。「判決」とは会議の結論を意味する陸軍の用語である。

日本において核物理学の先鞭を切ったのは仁科芳雄で、1928年にコペンハーゲンのニールス・ボーアのもとから帰国するや、翌1929年にハイゼンベルクとディラックの日本訪問の先導役を果たし、1930年には京都帝大で量子力学の講義を行なっている。この講義の聴講者のなかには、湯川秀樹、朝永振一郎、坂田昌一といったのちの素粒子研究の中心人物が含まれていた。戦後に仁科芳雄はつぎのような反省の弁を口にしている。

「今日のような原子力の恐怖時代をもたらせたことに対して科學者はその責の一半を免れることはできない。その罪亡ぼしとして科學者は戦争を再び起こらないように努力をせねばならぬ。これはわれわれの義務である。」(仁科芳雄「原子力について」、仁科芳雄博士遺稿集『原子力と私』、學風新書、1950年所収)

この反省の弁は、マンハッタン計画を後押ししたアインシュタインが戦後間もなく、アメリカの「原子科学者緊急委員会」で科学者の責任に言及し、核時代における戦争の廃絶を訴える「ラッセル・アインシュタイン宣言」を発表したり、世界連邦ないしは世界政府を主張した経緯と符合する。そこには言葉通り科学者の罪滅ぼしの意識が背景にあったと言えよう。

●湯川秀樹の核廃絶運動と原子力平和利用の肯定

第二次大戦の戦時下で仁科芳雄をリーダーとする日本の原爆製造研究に、湯川秀樹や武谷三男、朝永振一郎らが参加していたことはさきに見た通りだが、かれらもまた戦後になって核廃絶運動や原子力の平和利用を提唱する道を歩む。

まず、湯川秀樹は戦後間もない１９４９年、原子核のなかで陽子と中性子を結びつける中間子理論で、日本初のノーベル賞（物理学賞）を受賞した。わたしたち戦後世代の人間は、湯川のノーベル賞を水泳の４００メートルと１５００メートルで驚異的な世界新記録を出した古橋広之進の快挙とともに、記憶の底に焼き付けている。当時、子どもだったわたしは、「フジヤマのトビウオ」と呼ばれた古橋広之進の活躍に小躍りして喜んだことを、ついきのうのことのように覚えている。なにしろ、山陰の田舎の少年ゆえ、学問の世界には縁がなく、湯川秀樹のノーベル賞よりも、古橋広之進の世界新記録の方がうれしかったのである。

湯川秀樹は広島と長崎の原爆投下のあと、１９５４年3月のビキニ水爆実験を受けて、世界の著名な科学者11人が１９５７年7月に出した「ラッセル・アインシュタイン宣言」の共同署名者でもある。この宣言の精神を受け継いだ１９５７年7月を第1回とする「パグウォッシュ会議」は、日本人で二人目のノーベル物理学賞を受賞した朝永振一郎らも参加し、「科学者の社会的責任」をテーマの一つに取り上げている。

パグウォッシュ会議は声明を出しているが、湯川秀樹は「科学者の責任――パグウォッシュ会議の感想――」(『湯川秀樹著作集』5、岩波書店、１９８９年所収）で、「この声明の中で、細部まではほとんど異論がなかったと思われるのは、科学者の社会的責任に関する部分であった」としている。その「科学者の社会的責任」に寄せて、湯川秀樹は戦後のエッセイでこう書いている。

「しかし、原子の研究が進み、原子力を利用する見込みが出来

湯川秀樹

て来た瞬間から、研究者としての生き方、考え方と、それ以外の面における生き方、考え方を、切りはなすことが出来なくなった。原子力はどのような目的に使われようとも、研究者自身にかかわりのないこととは、どうしてもいえなくなって来たのである。原子物理学者の場合は、もっともいちじるしい例であるが、他の非常に多くの場合において、科学の成果が実用性をもちはじめると同時に、程度の違いはあっても、そこに、倫理、モラルの問題が入ってくるのをまぬかれないのである。」（湯川秀樹「現代人の知恵」、１９５６年、『湯川秀樹著作集』５、岩波書店、１９８９年所収）

パグウォッシュ会議の流れを受けた日本の科学者たちによる１９６２年の第1回「科学者京都会議」は、湯川秀樹や朝永振一郎をはじめ大内兵衛、都留重人、宮澤俊義、桑原武夫、平塚らいてうなど自然科学者以外の者も含む21人を発起人としているが、その京都会議声明も「科学の成果の誤用、悪用」に警告を発している。

このように、湯川秀樹は戦後の「ラッセル・アインシュタイン宣言」や「パグウォッシュ会議」の流れのなかで、核兵器の脅威から「科学者の社会的責任」と「科学者のモラル」の問題を自覚するに至ったのである。

この「科学者の社会的責任」ないしは「科学者のモラル」は、いわゆる「原子力の平和利用」の原発にも適用されてしかるべきだと思う。しかし、湯川秀樹は「原子力の平和利用」については、むろん当時としてはやむを得ない面もあったとはいえ、たとえばつぎの言葉に端的に示されるように、最初から肯定的で期待値をもった見方であった。

「原子エネルギーの動力化は最初予想されたほど容易でないことが、最近しばしば強調されているが、原理的な困難が存在しない以上、早晩大電力発電所が出現するであろうことが十分期待される。」（湯川秀樹「知と愛に

ついて」、１９４７年、前掲『湯川秀樹著作集』５所収）

「人間が相互に他の人間を認めることによって和解し、さらに進んで自然の中に潜む最も大きな力である所の原子力を平和的目的に活用するために全面的に協力することによって、初めて二十世紀の不安が除かれ、私どもの世紀が絶望の世紀から希望の世紀に転換されることを期待できるのである。」（湯川秀樹「二十世紀の不安」、１８４８年、前掲『湯川秀樹著作集』５所収）

実際、１９５６年1月に正力松太郎が初代の原子力委員長に就任するや、しぶる湯川秀樹も正力に説き伏せられて、有沢広巳や藤岡由夫などとともに、原子力委員になっている。

下の写真「原子力委員会の正力松太郎と湯川秀樹」は、同年1月4日の原子力委員会の初会議における正力松太郎（真ん中）と湯川秀樹（左側）である。

この原子力委員会の初会議で、正力松太郎は「5年後には実用規模の発電炉を建てる」との委員会声明を用意し、その構想を委員たちに説明したが、これには多くの委員が反発した。温厚な湯川秀樹も「こんなことなら、私は原子力委員を辞めます」と激怒した。

なぜなら、湯川秀樹を筆頭に委員の多くは、基礎研究から積み上げて独力で原発を育てるべきだと考えていたので、欧米の先進炉の導入で早期の立ち上げを目論む正力の拙速のやり方に疑問と批判を抱いて

1956 年１月４日の原子力委員会の初会合、湯川秀樹（左から２人目）と正力松太郎（同３人目）
（日本原子力文化振興財団『原子力開発 30 年史』1986 年より）

いたのである。原発の導入を政治カードに使いたい正力松太郎は、その翌日お国入りで富山に向かう列車のなかでも、「5年後に原子力発電所を実現する」と怪気炎を上げたといわれる。しかし、湯川秀樹の辞意は固く、新内閣のもとで原子力委員長が交代するや、翌1957年3月に病気を理由に委員を辞任している。

当時の世界の原発の状況を見ると、モスクワ郊外にあった旧ソ連のオブニンスク原発が1954年6月、世界で最初の発電を開始したばかりであった。西側最初の商業用原発であるイギリスのコールダーホール原発の運転開始は1956年10月、アメリカのシッピングポート原発の運転開始は1957年12月である。

原子力委員会の発足当初、日本の商業炉の購入先としては、イギリスとアメリカの二つの選択肢があった。正力は運転間近だったイギリスのコールダーホール型の原子炉の導入に踏み切るが、電力を中心とする産業界はアメリカの軽水炉に向かった。

それから半世紀余りのちの2012年4月、徳間善助・京大名誉教授ら湯川秀樹の京大研究室に所属した弟子たち8人が、フクシマの事態を受けて声明を発表し、脱原発の政策を明確にすることを政府に求めるとともに、原子力関連の学界や研究者に原発や放射能の危険性について勇気ある発言をするよう求めた。これは人間が誤りから学ぶことを教える一例である。

●武谷三男の原爆肯定と平和利用の提唱

湯川秀樹は自ら関与した原爆製造計画について、戦後ほとんど何も語っていないようだが、武谷三男はさきの星野芳郎との共著『原子力と科学者』の「太平洋戦争のころ」というエッセイで、当時を回想している。

仁科研究室で武谷三男はウラン濃縮の理論を担当し、朝永振一郎はレーダーを担当していたが、原爆の研究をある程度進めていたところに、特高警察がやってきて武谷は連行され刑務所に入れられた。それでも、特高の取り調べの合い間を縫って連鎖反応の計算をやり、理研に送らせていたというから感心だ。

終戦の年の一九四五年の七月の終わりごろから検事の取り調べが始まり、武谷三男が特高や検事に「原子爆弾というものが落ちるかもしれない」と話していた矢先、特高の取り調べが終わるという八月七日、「広島がスッ飛んだという知らせ」を聞く。おかげで、検事局の要請により原子爆弾の講義をするはめにもなったが、武谷三男の講義を聞いた検事たちは驚き、「それじゃお前はさっそく理研へいって研究をつづけろ」と言って、武谷を帰したというから皮肉なものである。

ところで、「二号研究」に参加した物理学者にして、反ファシズムの科学史家でもある、マルクス主義者の武谷三男が戦後になって、広島と長崎への原爆投下を「反ファッショの人道的行為」と評価していたことには、唖然とさせられる。

すなわち、武谷三男は日本の無条件降伏の翌年の１９４６年1月、民主主義科学者協会の機関誌創刊号の依頼で執筆したものの、編集委員に握り潰されたため、20年近くのちに公表した一文で、こう書いている。

「今次の敗戦は、原子爆弾の例を見てもわかるやうに、世界の科学者が一致して、この世界から野蠻を追放したのだとも言へる」「原子爆弾をとくに非人道的なりとする日本人がゐたならば、それは己れの非人道を誤魔化さんとする意圖を示すものである。原子爆弾の完成には、ほとんどあらゆる反ファッショ科学者が熱心に協力した。これらの科学者は大體において熱烈な人道主義者である」「原子爆弾は青天の霹靂であった。日本の科学者はかかる野蠻に對して追撃戦を行ふべきことに責任ある地位にある。」（武谷三男「革命期における思惟の基準—自然科学者の立場から」、１９４６年執筆、現代日本思想体系25『科学の思想Ⅰ』、筑摩書房、１９６４年所収）

原子爆弾を「反ファッショの人道的行為」とする武谷三男のこの論文は、日本共産党が敗戦直後にアメリカの「占領軍」を「解放軍」として歓迎した立場に共通するものである。そればかりか、武谷三男の原爆肯定論や平和利用論は、当時共産党書記長だった徳球こと徳田球一ら共産党の幹部に影響を与えている。武谷三男は戦後の日本でもっとも早く、「原子力の平和利用」を提唱した科学者だったのである。

武谷三男

「原子爆弾は、原子力を利用したものであるが、それが平和のきっかけをつくってくれた。……原子力は爆弾としてだけでなく、平和なしごとのうえで、これからうんと利用されるにちがいない。……自然力がまちがってつかわれると人類はほろびるが、ただしくつかわれると人類の生活をどんどんたかめることができる。」（武谷三男「原子力のはなし」、『子供の広場』１９４８年11月掲載）

「原子力発電では、こんな小量の原料で大発電ができるので、地球上どんなところでも大発電が行なえる。」「だから原子力が利用されるようになると北極や南極のような寒い地方、絶海の孤島、砂漠などが開発され、そういう地方にも大規模な産業がおこなわれ、大都市をつくることができるようになる。……すでにソ連では原子爆弾が山を吹き飛ばし、川の流れをかえたということもいわれている。」「日本なども電力危機は完全に解消されるだろう。そして電力をもっと自由に家庭で使用することができる。」「アメリカの科学者達もせっかくつくった原子力を、政府は原子爆弾のような武器にばかり熱心で、平和的利用にあまり力を注がないと不満をうったえていた。」「（英国と同様）ソ連も原子力の利用に非常に熱心なようで恐らく実現しつつあると考えられる。恐らく10年もすれば、原子力は相当に使われることになるだろう。」（武谷三男「原子力を平和的に使えば」、『婦人画報』１９５２年８月掲載、『武谷三男著作集』３、勁草書房、１９６８年所収）

これは武谷による先駆的な「原子力の平和利用」の提唱の一例だが、この主張は徳田球一の「原爆パンフ」で拡大再生産される。すなわち、１９４９年1月の『新しい世界』の「原子爆弾と世界恐慌を語る」で、徳田は「なぜ資本主義では原子力は平和的に使えないか、なぜソ同盟では平和的に使えるのか」として「原爆の平和利用」を唱え、これがパンフ『原子爆弾と世界恐慌』（永美書房）となって当時の共産党員や労働組合の活動家に広く読まれたのである。

武谷三男はマルクス主義者として敗戦直後から日本共産党の科学技術政策にかかわり、その共産党の影響下の民主主義科学者協会の「原子力の平和利用」をまとめるうえでも、さらにはまた、日本学術会議が「民主」「自主」「公開」という「原子力平和利用」の「三原則」を採択するうえでも、決定的な役割を果たした。

その後、共産党の分裂やソ連におけるスターリン批判などを経て、武谷三男が原水爆禁止運動や原発反対運動などにもかかわるようになり、「安全性」や「許容量」の考え方を打ち出したことは、むろん肯定的かつ積極的に評価すべき事柄である。

第3章　戦後の原水爆禁止運動と原子力発電所の建設

―― 中曽根康弘と正力松太郎 ――

●原子炉予算を国会に提出した中曽根康弘

周知のように、日本における「原子力の平和利用」つまり原発の開発は、１９５４年3月2日に改進党の代議士だった中曽根康弘が、２億３５００万円の原子炉予算を突如国会に提出したのに始まる。奇しくも、3月2日は、アメリカがビキニ環礁で最初の水爆実験を行なった日――つまり、「第五福竜丸事件」として知られるようになる3月1日の翌日に当たる。

実際には、この2億３５００万円にウラニウム資源調査費１５００万円を足して、総額2億５０００万円の予算案であったが、この予算案は保守三党の自由党と改進党と日本自由党の共同修正案として翌3月４日に衆議院本会議で可決された。

表1「戦後の保守政党の流れ」を参考に、当時の保守政界の状況を簡単に見ておくと、吉田茂を党首とする自由党、そこから別れた鳩山一郎の日本自由党、東條内閣の外相だった重光葵の改進党、の三つどもえの構図で、いわゆる保守大合同の前夜であった。その改進党の青年将校と呼ばれていたのが元海軍主計大尉の中曽根康弘である。

中曽根提出の原子炉予算の2億３５００万円は燃えるウラン２３５のもじりだが、この〝寝耳に水〟の原子炉予算の提出に驚いて、日本学術会議の茅誠司らが議員会館にかけつけ、「すぐに研究はできない」と反対を申し

表１　戦後の保守政党の流れ

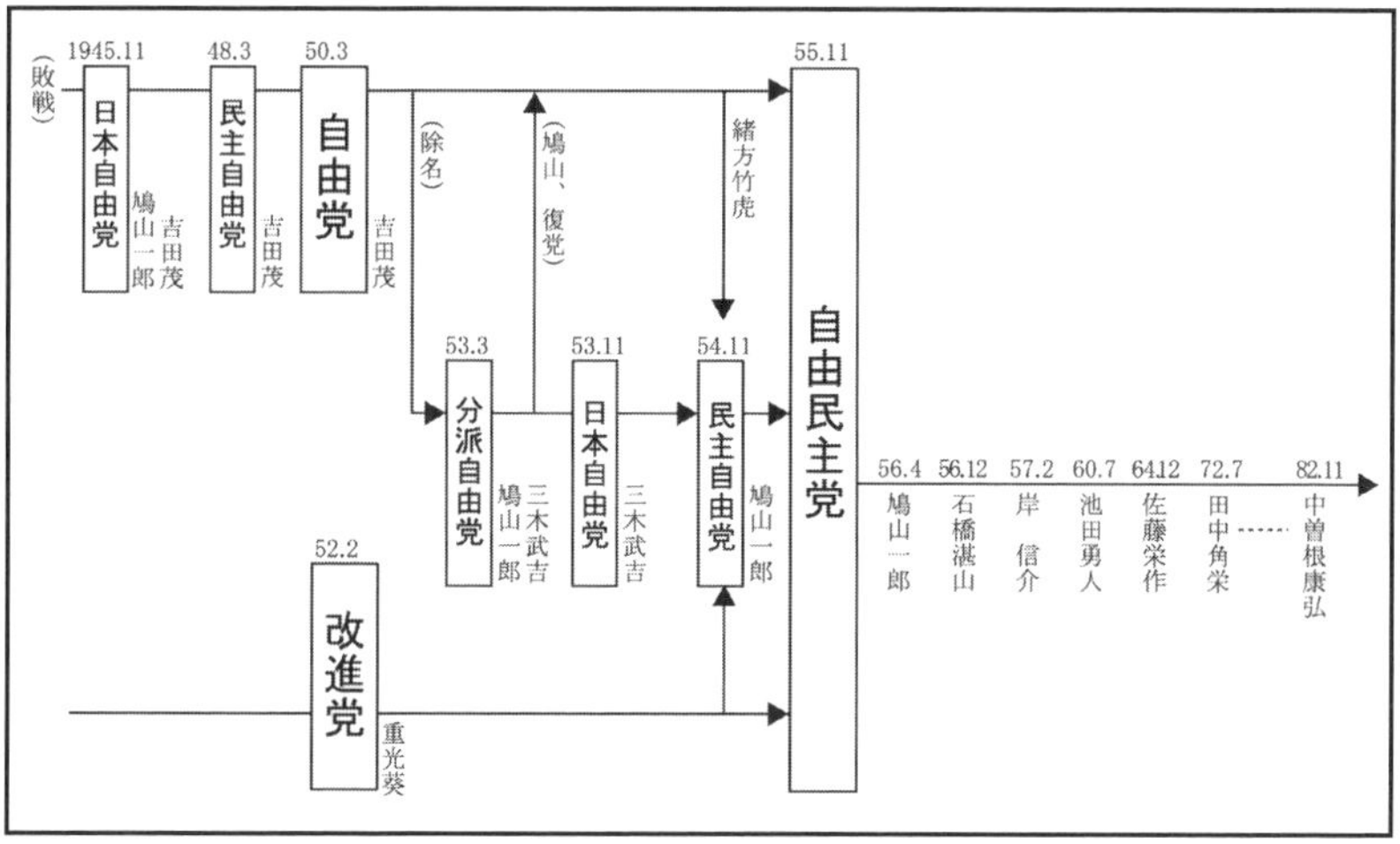

入れた。このとき中曽根康弘が言い返した言葉は、国内だけでなく外国の著書でも取り上げられている。

「科学者たちが全く動こうとしないので、自分が彼らの顔に札束を叩きつけて彼らの目を覚まさせた。」（ピーター・プリングル／ジェームズ・スピーゲルマン、浦田誠親訳『核の栄光と挫折』、時事通信社、1982年）

「科学者たちが全く動こうとしないので」は「学者がボヤボヤしているから」という言い回しでも語り継がれている。中曽根康弘のいわゆる「ボヤボヤ」している「学者」とは、日本学術会議の原子力推進派の学者たちを指す。当時、「札束で頬を叩く」は流行語になったと言われ、のちに中曽根康弘は「そういう軽率な発言をしたことはないのでありま

中曽根康弘

す」と否定したそうだが、多少の言い回しの違いはあっても事実であろう。

中曽根康弘は35歳の１９５３年7月にヘンリー・キッシンジャーの招きで渡米し、ロックフェラー財団やフォード財団が後援していた夏季セミナーに出席した。この夏季セミナーはアメリカの価値観を西側の若い指導者に植え付ける機会で、フランスのジスカールデスタンやマレーシアのマハティールなども参加している。

反共主義者で再軍備論者の中曽根康弘はアメリカ政府関係者に厚遇されたようだが、このときコロンビア大学に留学していた湯川秀樹の1年後輩で旭硝子駐在員の山本英雄を訪ね、核兵器開発などの話を聞くとともに、カリフォルニアに留学中の嵯峨根遼吉に会い、日本の原子力の平和利用についてアドバイスを受けた。それは中曽根康弘に強いヒントを与えるものだった。

「このとき私は、原子力の平和利用については、国家的事業として政治家が決断しなければならないという意を強くした。左派系の学者に牛耳られた学術会議に任せておいたのでは、小田原評定を繰り返すだけで、２、３年の空費は必至である。予算と法律をもって、政治の責任で打開すべき時がきていると確信した。」（中曽根康弘『政治と人生：中曽根康弘回顧録』、講談社、１９９２年）

これこそ、中曽根康弘のいわゆる「学者がボヤボヤしているから」発言の根拠である。「原子力予算が成立した翌年の１９５５年、中曽根康弘は自由党の前田正男、社会党左派の志村茂治、社会党右派の松前重義とともに、ジュネーブの原子力平和利用国際会議に参加し、フランス、イギリス、アメリカ、カナダの原子力施設を見学した。この超党派の四人組が一九五五年から一九五六年にかけて、原子力基本法、原子力委員会設置法、核原料物質開発促進法、日本原子力研究所法、原子燃料公社法などの原子力法案を議員立法で国会に提出して成立させていくのである。

ところで、中曽根康弘とほぼ同時期に戦後日本の政界で、「原子力の平和利用」つまり原発の導入により総理の座を狙った大物政治家が、読売新聞社主の正力松太郎であった。中曽根が正力派の参謀格におさまるのは、正力松太郎が国務大臣に就任した１９５５年11月以降のことだが、この二人の連絡役をつとめたのは中曽根康弘の〝刎頚の友〟となる読売新聞社のナベツネこと渡辺恒雄である。

そのころ、正力松太郎が当時入社５年目の新人政治部記者だった渡辺恒雄を呼びつけ、「きょうから毎日、中曽根康弘という代議士と会いたまえ。絶えず連絡をとって、このオレに報告するんだ」、と命じたのがきっかけと言われている。その後、変わり身の早い中曽根康弘は正力に総裁の分なしと見て取って、河野一郎に乗り換えるのだが、実際に原子力導入を政治的基盤に据えたのは、中曽根康弘よりも正力松太郎であった。

●原発導入で総理の座を狙った正力松太郎

ここで、年表2「原発・正力・ＣＩＡ」を参考に、正力松太郎を取り上げよう。佐野眞一の『巨怪伝』（文藝春秋、１９９４年）によれば、正力松太郎は警察官僚の出身で、１９１７年（大正６）の早稲田騒動や１９１８年（大正７）の米騒動の水際だった鎮圧ぶりで、「警視庁に正力あり」の声価を高め、１９２３年（大正12）の関東大震災下の朝鮮人大虐殺・亀戸事件・大杉栄殺害の三大虐殺事件にも、特高の総元締めの警視庁のナンバー２の官房主事として関与している。

たとえば、これら虐殺事件の引き金となった「不逞朝鮮人の暴動」や「社会主義者の放火」といった悪質なデマは、官憲側の意図的な流布によるものとの疑いが消えないが、その一部が警察官自身から流されたものである

年表２　原発・正力・ＣＩＡ

原発	正力松太郎	米国・ＣＩＡ
	1911　東京帝大卒業	
	1913　警視庁入庁	
	1917　早稲田騒動を鎮圧	
	1918　米騒動鎮圧の功で従六位に叙せらる	
	1921　警視庁官房主事	
	1923　関東大震災、朝鮮人大虐殺、大杉栄殺害／警視庁警務部長、虎ノ門事件	
	1924　虎ノ門事件で懲戒免官／読売新聞を買収	
	1934　大リーグ選抜チーム招聘、巨人軍創立	
	1940　大政翼賛会総務に就任	
		1942 マンハッタン計画開始
	1944　貴族院議員に勅選	
	1945　読売争議／Ａ級戦犯で巣鴨拘置所に	1945 広島・長崎に原爆投下
	1946　公職追放	
	1947　不起訴で釈放	
		1950年代 ～ ＣＩＡが正力、岸信介、児玉誉士夫らに接近・工作
	1953　日本テレビ放送開始	1953　アイゼンハワー「アトムズ・フォア・ピース」
1954　中曽根康弘が原子炉予算提出／第５福竜丸ビキニで被災／原水爆禁止運動始まる／日本学術会議が原子力３原則を声明	1954　読売新聞が原子力平和利用キャンペーン	1954　原子力潜水艦ノーチラス号進水／ビキニ水爆実験
1955　原子力平和利用博覧会／人形峠でウラン鉱発見／原子力基本法成立	1955　富山２区から衆議院議員／鳩山内閣で国務大臣	
	1956　原子力委員会の初代委員長	
1957　人形峠の開坑式／東海村の火入れ式	1957　岸内閣で国務大臣（科学技術庁長官、原子力委員長）	
		1958　米国初のシッピングポート原発運転開始
1966　商業原発国内初の東海発電所運転開始／芦浜原発計画で長島事件	1964　勲一等旭日大綬章	
	1969　死去、84歳	

ことは正力自身も認めているところで、正力もまたこの流言の流布や社会主義者の弾圧の一翼を担ったのである。しかし、その正力松太郎も関東大震災の翌年１９２４年（大正13）、摂政宮の皇太子・裕仁親王（のちの昭和天皇）が無政府主義者の難波大助に銃撃された虎ノ門事件で、警務部長として天皇警護の最高責任を問われて懲戒免官となった。皇太子・裕仁親王は辛くも難を逃れたが、難波大助が放った一発の銃弾は、その後の治安維持法の成立を誘発し、大正デモクラシーの息の根を止めることとなる。

警視庁を免官された正力松太郎は、その直後の昭和天皇の婚礼で恩赦に預かり、台湾の民政長官や満鉄の初代総裁をつとめ内務大臣だった後藤新平による資金の用立てで、読売新聞社の経営権を買収して社長に就任した。その後、正力松太郎は１９４３年（昭和18）に大政翼賛会の総務に就任し、翌１９４４年（昭和19）に貴族院議員に勅撰される。終戦の年の１９４５年にA級戦犯で巣鴨拘置所に収容され、占領軍によって公職追放を受けたが、１９４７年（昭和22）に不起訴で釈放されている。

戦後の正力松太郎は読売グループのオーナーとして、〝プロ野球の父〟〝テレビの父〟〝原子力の父〟と呼ばれるようになった。しかし、その正力が原発の導入に乗り出した直接の動機は、アメリカの中央情報局ＣＩＡと頻繁かつ密接に連携しながら、それをバックに原子力を道具にして総理の座を狙ったことにあった。

当時の保守政界は保守大合同の前夜で、正力松太郎は１９５３年の自由党首相の吉田茂の「バカヤロー解散」以後、吉田からの政権奪取を目指す民主党の鳩山一郎に肩入れし始めていた。その正力は１９５５年2月に郷里の富山二区から衆院選に立候補したが、その

正力松太郎

選挙公約は「保守大合同の実現」と「原子力の平和利用による産業革命の達成」であった。

　その１９５５年の元旦の『読売新聞』は一面トップで、アメリカの「原子力平和利用使節団」の来日について社告を大々的に掲載した。その原子力平和利用使節団の一行が来日した同年5月、東京・日比谷公会堂で読売新聞社主催の原子力平和利用大講演会が開かれ、正力松太郎は開会の挨拶に立ってこう述べた。


「いまや世界は原子力時代に入り、欧米においては原子力を平和に利用することについて非常な競争で努力しておるのでありますが、悲しいかなわが日本は原子爆弾によって人類始まって以来の大悲劇をみたためもありまして、一般国民は原子力に対する恐怖の念に襲われるのは無理からぬことであります。しかしながらこの日本こそ原子力を平和に利用することをもっとも切実に感じておると私は信ずるのであります。」

「この国民生活の安定を図ることはどうしてもあの恐るべきエネルギーを持っておる原子力の力による方法しかないのであります。あの原子力の偉大な力を利用してこそはじめて産業の革命ができ、農業の革命もできさらに技術の革命ができると私どもは信じております。」（１９５５年5月13日の原子力平和利用大講演会での正力松太郎の挨拶、佐野眞一『巨怪伝』、文藝春秋、１９９４年より）

　このころ、正力松太郎は人に会うたびに、「原子力を利用すれば、一毛作が二毛作に、二毛作が三毛作にできる」と説いて回っていたというが、日比谷公会堂の原子力平和利用大講演会の模様は、日本テレビを通して生中継され、会場から溢れた聴衆に対しては、巨人戦中継やプロレス中継と同様、大型の街頭テレビが特設された。

　ところで、『読売新聞』が「原子力平和利用使節団」来日のキャンペーンを張っていた最中の１９５５年5月、正力松太郎は吉田自由党の大野伴睦と鳩山民主党の三木武吉の両総務会長を仲介し、保守大合同の目安がついた段階で大野と三木に合計２０００万円の大金を渡している。

この政治献金がなにを意味するかといえば、１９５５年11月に鳩山一郎を総裁、岸信介を幹事長に保守大合同が成立するや、衆議院当選1年目の正力が国務大臣になり、１９５６年1月に初代の原子力委員長に就任していることからも明らかである。

つまり、大臣のポストの買収費だったわけだが、正力松太郎の最終的な狙いはもっと高い総理大臣に椅子にあり、「原子力の平和利用」で財界の応援を得つつ、それを政治カードに国会議員の椅子を獲得し、総理の座にのし上がろうとしたわけである。

正力松太郎が原子力委員長に就任して1カ月後の１９５６年2月、首相官邸に産業界の代表者71人を集めて、原子力産業のための懇談会を開催した。この懇談会には藤山愛一郎、小坂順三、松永安左エ門ら財界の重鎮が顔をそろえ、ここで正力松太郎はつぎのように挨拶している。


「原子力開発に関連する全企業が結集して、政府の基本開発政策に民間産業界の総意を反映させ、また各産業の研究成果を集中して原子力産業の発展に先駆的役割を期待する。」（１９５６年2月3日の原子力産業会議設立のための懇談会での正力松太郎の挨拶、核開発に反対する会編『隠して核武装する日本』、影書房、２００７年所収のⅡ「戦後日本の核政策史」より）

この懇談会は直ちに財団法人・原子力産業会議設立準備会に切り替えられ、1カ月後の3月に各界代表２３０人が日本工業倶楽部に集まって､原子力産業会議（略称､原産会議）の設立総会が開かれた。会長に菅禮之助（東京電力社長）、副会長に植村甲子郎（経団連副会長）ら3人、常任理事に岡松成太郎（日本商工会議所専務理事）、松根宗一（電気事業連合会専務理事）、橋本清之助（電力経済研究所常務理事）らが選任され、初代事務局長には橋本清之助が就任した。

この原産会議の設立にほぼ並行する1955年から56年にかけて、三菱系、日立系、住友系、三井・東芝系、古河系の5つの原子力グループがそれぞれ設立され、実際に日本に原子力を導入することになる。この原子力グループの結成は、GHQの命令で戦後いったん解体された財閥の再結集の契機となった、という意味できわめて重要な出来事である。

正力松太郎が原子力の情報を最初に知ったのは、のちに原子力産業会議（現在の原子力産業協会）の常務理事兼初代事務局長となる橋本清之助を通してである。橋本清之助は関東大震災当時、警視庁官房主事の正力の上司筋に当たる内務省警保局長の後藤文夫の秘書で、戦時中は正力が総務を担当していた大政翼賛会の事務局長であった。後藤文夫は戦後間もなく巣鴨拘置所内で英字新聞から原子力発電の情報を仕入れ、一九四八年一二月に岸信介らと一緒に巣鴨から出てきたその日の夕方、この原子力の情報を橋本清之助にいち早く伝えていたのである。

橋本清之助は電力九社に分割・民営化される直前の国策法人・日本発送電株式会社の最後の総裁・小坂順三（信越化学の創業者）にこれを伝え、小坂順三が財団法人・電力経済研究所を創設すると、その常務理事におさまった。そして、福田赳夫らを理事として原子力平和利用調査会を立ち上げ、かつての上司の後藤文夫を顧問に据える。橋本清之助の甥の橋本初男は正力松太郎の秘書で、のちによみうりランドの専務となるし、小坂順三は正力松太郎と姻戚関係にあった。

ややこしい関係なので結論だけ言うと、戦後日本の原子力導入の背後には、戦時下の国家総動員体制と大政翼賛会の人脈が蠢いていたわけである。正力松太郎自身が警視庁を辞めたあと、右も左も政党も労働界も婦人会も青年団も糾合して成立した大政翼賛会の総務に就いたことは、さきに述べた通りである。

ついでながら、この人脈につらなる左派系の田中慎次郎は朝日新聞社の元政治経済部長でゾルゲ事件に連座し、戦後復帰して出版局長をつとめ『朝日ジャーナル』を創刊するが、橋本清之助とも親しく戦後日本の原子力導入の草創期にその旗振り役をやった人物である。わたしは『原子力マフィア』で、マスコミを七角形ないしは八角形の原子力マフィアの一角に位置付けているが、そのマスコミの原子力人脈の最初に登場するのは、読売の正力松太郎以前に朝日新聞の田中慎次郎だったのである。

●正力松太郎とＣＩＡの関係

ここで、「原子力の平和利用」をめぐる正力松太郎とＣＩＡの関係に触れなければならない。実は、正力松太郎は原子力と出会う前、つまり１９５３年に開局した日本最初の民放テレビ放送局たる日本テレビをバックに、アメリカの「マイクロ波構想」と呼ばれる超短波のマイクロ波の通信網を、国内ばかりかアジアの国々にも広げようと目論み、アメリカの借款を求めていた。

一方、折から米ソの冷戦を背景に、「反共プロパガンダ」のため「冷戦のテレビネットワーク」を構想していたアメリカ政府や情報機関も、かつて共産主義者や無政府主義者を取り締まった札付きの反共主義者の元警視庁幹部の正力松太郎に目をつけ、かれの所有するメディアを「対日心理戦」の「エース的存在」として利用すべく、ＣＩＡを介して接触が始まったのである。

有馬哲夫の『原発・正力・ＣＩＡ』（新潮新書、２００８年）によれば、ＣＩＡとの正力側の折衝役の柴田秀利は、〝正力の懐刀〟とも〝正力ファミリー〟の〝影武者〟とも言われ、戦前の正力経営下の読売報知の社会部付き大本営陸軍報道部の元記者から、のちに日本テレビの専務にまでなった人物である。

マイクロ波構想に踵を接して登場したのが原子力で、アメリカ政府と情報機関の対日心理戦の一成果というべきか、『読売新聞』は1954年1月1日から「ついに太陽をとらえた」という「原子力の平和利用」の大型連載を始める。それは湯川秀樹のノーベル物理学賞受賞で高まった原子力のブームに乗っかり、1953年12月8日にアイゼンハワー米大統領が国連演説で打ち出した「アトムズ・フォア・ピース」（平和のための原子力）の援護射撃の意味も含めていた。

この大型連載開始の2カ月後には、3月1日のアメリカのビキニ水爆実験による「第五福竜丸」の被爆事件が起き、奇しき縁でこの「第五福竜丸」の被爆を大スクープとして全世界に伝えたのも『読売新聞』であった。この「第五福竜丸」事件で原水爆禁止運動が澎湃として日本全国で巻き起こったことは言うまでもない。

原水爆禁止運動と反米運動の高まりをどう鎮めるかで、アメリカ政府と情報機関は頭を悩ませることになるが、CIAを介して秘密裏に接触していた正力松太郎のメディアたる読売新聞社と日本テレビは、まさしく〝渡りに舟〟として〝CIAの掌中〟にあった。つぎの文書は1955年8月11日のCIA文書から取ったものである。

1953年12月8日の国連総会で、アイゼンハワー米大統領が「アトムズ・フォア・ピース」演説
（前掲『原子力開発30年史』より）

「今日にいたるまでポダム（正力松太郎の暗号名）とボハルト（柴田秀利の暗号名）は協力的で、つい最近も我々の助言どおり広島会議（原水禁運動の会議）でＣＩＡの線に沿ってくれた」「テレビは近い将来日本に対する心理戦の鍵となる。……ポダムその他はＣＩＡの資産として育てていくべきだと思う」（１９５５年８月11日のＣＩＡ文書、有馬哲夫『原発・正力・ＣＩＡ』、新潮新書、２００８年より）

このように、正力松太郎は「ＣＩＡの資産」として「育てていくべきだ」、とＣＩＡ文書に出てくる。さらに、１９５５年８月16日のＣＩＡ文書は、約５０００人の読売グループの記者が集めた情報を正力松太郎がＣＩＡに提供していることを示し、同年９月12日のＣＩＡ文書はそれが政治家など重要なターゲットに対する、有効なスパイ行為の意味を持つと高く評価している。

こうした正力松太郎のＣＩＡへの貢献の見返りというかご褒美が、ＣＩＡと合衆国情報局の全面支援でアメリカ持ちの費用により、１９５５年11月から６週間にわたり日比谷公園で長蛇の列をつくった読売新聞社主催の「原子力平和利用博覧会」であった。

この博覧会には36万人が集まったとされるが、引き続き翌１９５６年には全国10カ所で各地の有力新聞社がアメリカ大使館と共催し、２６０万人の観客を動員して「原子力平和利用博覧会」が開かれる。

しかし、正力松太郎とＣＩＡの蜜月は原子力平和利用博覧会が頂点

1955 年 11 月から東京・日比谷公園で開かれ、長蛇の列をつくった読売新聞社主催の原子力平和利用博覧会
（前掲『原子力開発 30 年史』より）

で、実のところ両者は水面下で虚々実々のハラの探り合いをやっていたが、正力松太郎が１９５６年からイギリスのコールダーホール型の原子炉の導入に動き出すや、両者の関係は急速に冷え込んでいく。

早期の原発導入をカードに次期総理を狙っていた正力松太郎は、日本の原発建設は5年待てというアメリカの態度に業を煮やし、アメリカ頼みを止めて一足飛びにイギリスから動力炉の購入に踏み切ったばかりか、『読売新聞』を使ってアメリカへの嫌がらせの記事を掲載し始めたのである。

すなわち、『読売新聞』（１９５６年6月20日の「編集手帳」）は沖縄の基地問題を取り上げ、「アメリカ下院プライス委員会の報告によると（沖縄の）アメリカ軍用地（全島の12％にあたる）を実際的には「百年でも二百年でも」永代借地できるような措置をとるらしい。じょうだんじゃない。イエス、イエスと平和条約にサインはしたけれども、沖縄を永久に差し上げますなどという約束はどこにもない」、と嫌味たっぷりに書いた。つぎに紹介するのは、これに対するＣＩＡの怒りの文書である。

「現在のポダムとの友好関係にもかかわらず、彼は抜け目のない政治家なので、この（讀賣新聞の）論説に我々が何らかのリアクションを示すことを期待している。そして、実際、我々が（反アメリカ論説のことで）怒りをストレートに表せば、その分だけ彼は我々を尊重するだろう。……我々は、ポダムが欲しがるようなものを我々が持っているかどうかによって、まるでカメレオンのように変わる相互的利益などには興味がないのだということ。そして、このようなお説教（論説のこと）を二度としたら、もうこれ以上ＣＩＡからの友情は期待できないということもだ。」（１９８６年6月26日付のＣＩＡ文書、前掲有馬『原発・正力・ＣＩＡ』より）

日本原子力発電（略称、原電）は１９５９年にコールダーホール改良型の発電炉の購入契約をイギリス原子力公社と正式に結び、１９６６年から日本最初の商業用原発として茨城県東海村の東海発電所が営業運転を開始する。ここで、注意しておきたいのは、よくも悪くも正力松太郎の原発導入にＣＩＡがからんでいたことだが、日本の政治家とＣＩＡの関係はかれだけに止まらなかった。

ＣＩＡは１９５０年代から60年代半ばにかけて、日本の左派勢力を弱体化させ保守政権を安定化させるため、岸信介をはじめとする自民党有力者への秘密資金工作を実施するとともに、旧社会党の分裂をねらって右派を財政支援し旧民社党の結成を促していたことが、ニューヨーク・タイムス記者ティム・ワイナーの『ＣＩＡ』などで明るみに出ている。

『週刊文春』（２００７年10月4日）の「岸信介はアメリカのエージェントだった！」は、ワーナーの『ＣＩＡ』を追跡取材しているが、アメリカ国務省の秘密工作の重要な対象は岸信介の支援であり、岸はＣＩＡの有力なエージェントであった。岸信介に提供されたＣＩＡの資金は、当時のカネで1回1億円とされるが、これは現在の価格で10億円にも相当する金額のようだ。

日本の戦後政治の方向を決定づけたのは、この戦時下の東條内閣の商工大臣でＡ級戦犯の岸信介、および、同じくＡ級戦犯で旧日本軍の物資調達で暗躍した右翼の大物の児玉誉士夫、といった大物の戦犯解除と巣鴨拘置所からの釈放である。

児玉誉士夫は機密解除されたアメリカ公文書館のＣＩＡ文書で、「プロのうそつきで悪党、ペテン師、大どろぼう」と酷評されているが、それでもＣＩＡは岸信介の首相就任の介添えをするなど自民党政治を裏側から支えた、この黒い保守政界のフィクサーをエージェントとして使っていたのである。

つまり、岸信介らに始まる自民党の一党支配の長期政権は、１９６０年の日米安保条約改定も１９７２年の沖縄返還交渉やアメリカとの核密約も含めて、ＣＩＡからの巨額な秘密の資金援助に支えられていたわけである。

ＣＩＡの資金はベトナム戦争の発進基地となった沖縄の１９６５年の立法院選挙や１９６８年の主席公選にも投じられた。

もちろん、岸信介の弟で沖縄返還交渉を進めた自民党の有力政治家の佐藤栄作も、それ以前からＣＩＡの資金の提供を受けたと言われる。現在の政治家では小泉純一郎や前原誠司らが、ＣＩＡのエージェントと取り沙汰されている著名な人物である。

●原水爆禁止運動と反原発運動

１９５４年3月1日にアメリカがビキニ環礁で行なった水爆実験で、静岡県焼津の遠洋マグロ漁船「第五福竜丸」が被災し、乗組員の久保山愛吉が亡くなった。

ビキニの水爆事件で被災した遠洋漁船は「第五福竜丸」だけでなく、当時の政府資料から全国で１０００隻近くにのぼっていたことがやがて明らかとなる。下の写真「マグロの放射能検査」は、ビキニの水爆実験で汚染された「第五福竜丸」のマグロの放射能検査の様子である。東京都杉並区の主婦が始めた草の根の原水爆禁止の署名運動は、燎原の火のようにまたたく間に全国に波及し、署名数は３０００万人に及んだ。翌１９５５年8月に第一回原水爆禁止世界大会が広島で開催され、原水爆禁止日

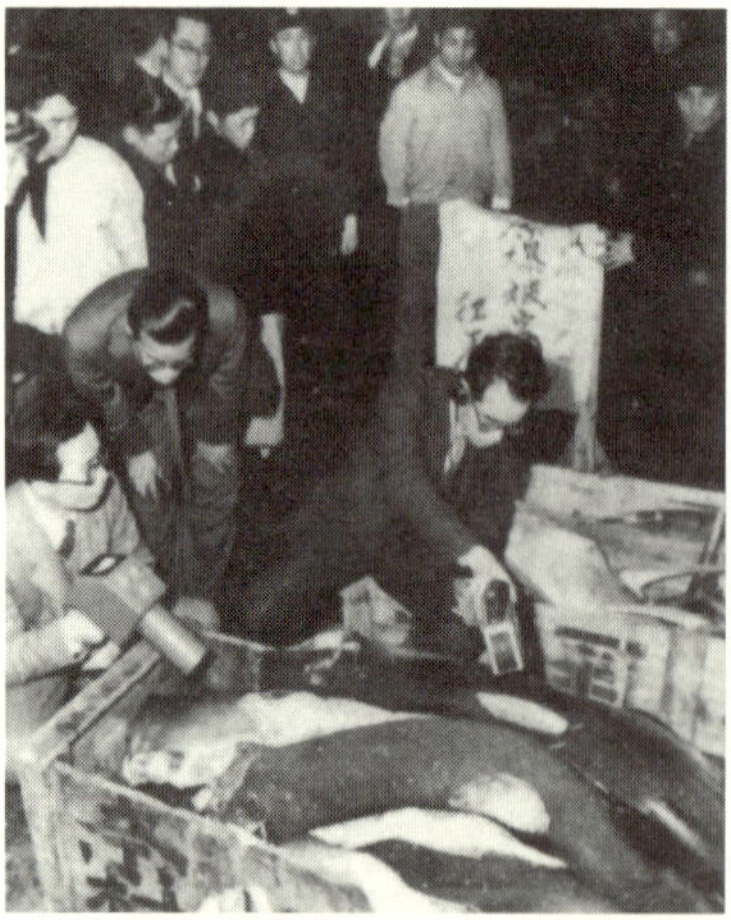

1954 年 3 月 1 日のビキニ水爆実験で被災した「第五福竜丸」、マグロの放射能検査が実施される
（前掲『原子力開発 30 年史』より）

本協議会（略称、原水協）が結成されて、いわゆる原水禁運動がスタートするが、ソ連の核実験への対応をめぐって原水協は分裂する。

１９６１年の原水禁大会は「最初に実験を開始する政府は平和の敵、人道の敵」と決議したが、その直後の９月１日にソ連が核実験を再開すると、ソ連政府にも抗議すべきだとする社会党・総評系と抗議に反対する共産党が対立した。

共産党は「ソ連のおこなう核実験」は「侵略的な帝国主義者のおこなう核実験」とは違うとして、アカハタでソ連核実験支持の号外まで出して支持キャンペーンを行なった。わたしは「反戦・反核・連続講座」第４回（２００９年６月15日）の資料『「ソ連の核」なら喜んでその死の灰を浴びたい』で初めて知ったのだが、共産党の野坂参三議長の談話や共産党員の演説には、つぎのような話が出てくる。

「たとえ死の灰の危険があっても、核実験の再開という非常手段に訴えることはやむをえない。『小の虫を殺して大の虫を生かす』というのはこのことだ。」（『赤旗』号外、１９６１年９月９日の野坂参三談話）

「広島では街頭演説で、社会主義国が実験する『死の灰』なら喜んで被りますと言って、人々に嘲笑された共産党県委員会の幹部もいた。」（『労働運動研究』、１９８４年の松江澄論文より）

太平洋の核実験はアメリカだけでも、ビキニ環礁にとどまらずエニウェトック環礁、クリスマス島、ジョンストン島も合わせて１００回以上に及び、これにイギリスやフランスの核実験が加わる。アメリカの被爆者は１００万人を超えるが、ネバダでも太平洋でも真っ先に被爆させられたのは先住民たちであった。

旧ソ連の核実験でも実験場のセミパラチンスクはもとより、高レベル核廃棄物の大爆発によるウラルの核惨事も含めて、やはり100万人以上の被爆者を出した。この現実を直視すると、いったいどこから、「『ソ連の核』なら喜んでその死の灰を浴びたい」、といった言葉が出てくるのか、あらためて問いたくなる。

ソ連が核実験を再開した1961年、民社党系は核兵器禁止平和建設国民会議（略称、核禁会議）を結成して原水協から離脱する。さらに、「いかなる国の核実験にも反対」をスローガンとする社会党・総評系のグループも、ソ連の核実験支持の共産党系が主流派をにぎる原水協から脱退し、1965年に原水爆禁止日本国民会議（略称、原水禁）を結成する。こうして、原水爆禁止世界大会は分裂集会を余儀なくされた。

共産党は原水協を支配し、共産党の意に反する原水協幹部をことごとく追放するなど、原水禁運動は政党の道具という様相を呈する。その後、日本の共産党もソ連や中国の共産党に批判的になり、核兵器全面禁止の主張に変身していくが、いま見てきた経緯は歴史から抹消されてはならない。

原発の立地や稼働に反対する日本の反原発運動は、むろん広島・長崎・ビキニの被爆の国民的な原体験を背景にしているとはいえ、原水禁運動の流れとはべつの系譜で各地の地域住民運動として展開されていく。

人形峠でウラン鉱床が発見されたのは1955年で、国策法人の原子燃料公社がウランの探鉱に着手した。初代原子力委員長の正力松太郎は、1957年9月16日に人形峠の〝開坑式〟に臨むと、翌々日の18日には東海村の日本初の研究用原子炉である日本原子力研究所（略称、原研）のJRR―1の〝火入れ式〟に出席する、といった具合で〝原子の火〟のため飛び回った。

日本の商業用原発の第一号は、1966年9月1日に運転を開始した東海発電所（東海原発）である。その後、1970年の敦賀1号機と美浜1号機、1971年の福島第一原発1号機、1972年の美浜2号機、1974年の島根1号機と福島第一原発2号機、……と続く。

このように、3・11で大事故を起こした福島第一原発の1号機と2号機、さらに1976年に運転開始の3号機は、日本の原発のなかでももっとも古い部類に属する。つまり、老朽原発の最たるもので、それだけに危険な原発だったわけである。

日本の反原発運動の発端をなすのは、日本最初の商業用原発である東海発電所の運転開始直後の１９６６年９月19日、芦浜原発計画の予定地視察にきた中曽根康弘ら衆議院特別委員会の一行の巡視船を３５０隻の漁船で取り囲み、実力で上陸を阻止した長島事件に始まる。この長島事件では30人の逮捕者が出たが、熊野灘漁民は体を張った〝海戦〟で原発計画に立ち向かったのである。

これ以後、原発の立地や稼働に反対する地域住民の反原発運動が、全国各地で激しく展開されていく。原水禁運動の分裂に関連して指摘しておきたいのは、中央でも地方でも反原発の地域住民運動や市民運動に連帯して闘ったのは社会党・総評系だったということである。

第4章 原子力発電・核燃料サイクル・核武装研究
――田中角栄と佐藤栄作――

●田中角栄と理化学研究所

原子力を国策として推進してきた官庁には、通産省（現在の経済産業省）と科学技術庁（現在の文部科学省）の二つの流れがある。原発を早く立ち上げたかった正力松太郎は、イギリスのコールダーホール型の原子炉の導入に踏み切ったが、電力各社は通産省と組んでアメリカのジェネラル・エレクトリック社（ＧＥ）とウェスチングハウス社（ＷＨ）の商業用の軽水炉の導入を進めていくことになる。

中曽根康弘と同年配で同時期に代議士になった田中角栄は、正力松太郎のあと国策としての原発事業を取り仕切り、自民党の一党支配のなかで原発の利権構造をつくり上げて、自らいち早くそのご利益に預かった政治家である。

新潟の高等小学校を卒業して上京した田中角栄は、柏崎にピストンリングの工場をつくっていた理化学研究所の大河内正敏の名前を知っていたが、東京でつとめた建設関係の設計事務所が理研の事業所の下請けをしていた関係で大河内正敏の目にとまり、工場を国内各地や朝鮮半島に建設する仕事を請け負うこととなる。

田中角栄

田中角栄は理化学研究所を「私の大学」だったと、つぎのように回想している。

「当時、理研といえば、きみ、とにかくすごいところだった。戦前の日本を代表する学者だった長岡半太郎（嵯峨根遼吉の父）やら仁科芳雄やら、そういう碩学がキラ星のごとくいた。」

「わたしは日本のとびきり優れた頭脳の話をそばでお茶を飲みながら聞いたりしてさ、酒の席でも大先輩から何でも生っかじりだけど、門前の小僧、習わぬお経をたくさん覚えてきたわけだよ。」（早坂茂三『早坂茂三の「田中角栄」回顧録』、小学館、１９８７年）

この回顧録を引用しながら、山岡淳一郎が『原発と権力』（ちくま新書、２０１１年）で示唆するように、戦後の田中角栄を原子力に結びつけたのは、理化学研究所の松根宗一とみて間違いあるまい。松根宗一は日本興業銀行から理研に入り、１９５４年に理研のピストンリング工業（現在のリケン）の会長とほぼ同時に東京電力の顧問に就任し、１９５９年には電気事業連合会の副会長に選ばれ、原子力産業会議の創設にも参画している。

新潟県の柏崎刈羽への原発誘致は松根宗一が田中角栄に勧めたもののようだ。田中角栄はいわゆる「土地ころがし」の手法で、自らの後援会である「越山会」やファミリー企業の「室町産業」など、要するに関連会社やダミー会社を通して、つぎつぎに土地を転売しては利ザヤを稼ぐやり方で、巨額のカネをフトコロに入れていく。

東電が柏崎刈羽原発の建設計画を発表したのは１９６９年だが、東電への原発予定地の売り値は元の買い値の26倍に膨らんでいたと言われる。新潟日報社取材班の『原発と地震』（講談社、２００９年）を読むと、１９７１年に当時通産大臣だった東京・目白の田中角栄の私邸に、柏崎刈羽原発の予定地の売却益の４億円が運び込まれている。文字通り、電力・通産連合を背景とした、何とも生臭い話である。

田中角栄は原発利権の法的構造をつくり上げた政治家でもある。すなわち、1972年に佐藤栄作から引き継いで総理大臣となった田中角栄は、中曽根康弘が通産大臣だった1974年、いわゆる電源三法（電源開発促進税法、電源開発促進対策特別会計法、発電用施設周辺地域整備法）を成立させ、原発立地自治体にカネをバラまく仕組みを整えたのである。こうして、たとえば柏崎刈羽原発を抱える柏崎市は、この32年間で1133億円の交付金を獲得した。しかし、原発のカネづるにブラ下がった原発立地自治体は、柏崎刈羽原発にとどまらず全国各地に及んだ。

田中角栄の首相退陣後の1976年にロッキード事件が起き、全日空の航空機購入にからんで5億円を受け取ったとして逮捕された。この事件の背景には、日本が輸入するウランがすべてアメリカで濃縮されて運び込まれるという、アメリカによる核燃料の独占供給体制から脱しようと、田中角栄がフランスと濃縮加工の交渉をするなど、ウランや石油資源といったエネルギー資源を多角化する資源外交をトップダウン方式で追求しようとしたため、アメリカの支配者たちの逆鱗にふれて報復されたとの見方もある。この見方は当たっているとわたしは思うが、田中角栄も実際つぎのように回想している。

「世界の核燃料体制は、やはりアメリカが支配しているんだな。わたしはそのアメリカを逆なでして、何かをやりたいわけではない。しかし、石油のスワップをやったときのように、ウランについても必然的に供給の多様化を考えたわけだ。」

「しかし、あんなにアメリカがキャンキャンいうとは思わなったなあ。わたしとしては一生懸命になって話をまとめようとしたし、フランスも日本と一緒にやろうとことで、前向きになっていた。そこを後ろからいきなりドーンとやられたようなものだ。」（前掲早坂『早坂茂三の「田中角栄」回顧録』）

日本の戦後の高度成長の〝申し子〟だった田中角栄は、さながらダンプカーのように列島改造や原発利権の構造を強引に押し進め、その勢いに乗ってアメリカのエネルギー資源の独占体制に挑んだが、これは見事はね返されたのであった。

●核燃料サイクル計画（１）高速増殖炉

電力・通産連合が商業炉の軽水炉の導入を進めたのに対して、もう一つの原子力集団たる科学技術庁グループは、日本原子力研究所（略称、原研）と原子燃料公社（略称、原燃）の二つの国策法人を通して、高速増殖炉・新型転換炉・核燃料再処理・ウラン濃縮の四つを柱に自主開発を目指した。

その後、原子燃料公社は動力炉・核燃料開発事業団（略称、動燃）、さらにまた、核燃料サイクル開発機構（略称、核燃）へと改組され、最後に日本原子力研究所と統合されて、現在の文部科学省管轄下の日本原子力研究開発機構（略称、日本原研）へと至る。

これから、年表３「原発・核燃料サイクル施設・核武装研究」を参考に、日本の原発推進政策が核燃料サイクル計画ともども、原子力の平和利用の裏側に核武装への野望を押し隠していることを見て行くが、なかでも真っ先に危険な核施設として高速増殖炉と再処理工場を挙げなければなるまい。ここでも、いわゆる原子力の平和利用は軍事利用と表裏一体で、それは核兵器製造の技術的潜在力の開発と密接に関連する。

まず、高速増殖炉は高速中性子による核分裂連鎖反応を利用したプルトニウムの増殖炉で、原子力の推進側は使った以上の核燃料を生み出すので「夢の原子炉」などと宣伝しているが、実は軍事用プルトニウムの生産炉という目的を隠し持っている。

年表３　原発・核燃料サイクル施設・核武装研究

原発	核燃料サイクル施設	核武装研究
	1956　原子燃料公社発足（人形峠でウラン探鉱）	
1966　東海		
		1967　「日本の安全保障」／「日本の核政策に関する基礎研究（その１）」／佐藤栄作「非核３原則」表明
		1968　「日本の安全保障」／「わが国における自主防衛とその潜在能力について」
		1969　「わが国の外交政策大綱」
1970　敦賀1、美浜1		1970　「日本の核政策に関する基礎研究（その２）」
1971　福島第一1		
1972　美浜2		
1974　島根1、福島第一2、高浜1		1974　佐藤栄作にノーベル平和賞
1975　玄海1、高浜2		
1976　浜岡1、福島第一3、美浜3		
1977　伊方1	1977　高速増殖炉「常陽」運転開始	
1978　福島第一5、福島第一4、東海第二、浜岡2	1978　新型転換炉「ふげん」運転開始	
1979　大飯1、福島第一6、大飯2	1979　人形峠のウラン濃縮パイロットプラント運転開始	
	1980　日本原燃サービス発足（六ヶ所村で再処理事業）	
1981　玄海2	1981　東海再処理工場運転開始	
1982　伊方2、福島第二1		

原発	核燃料サイクル施設	核武装研究
1984 福島第二2、女川1、川内1		
1985 高浜3、高浜4、福島第二3、柏崎刈羽1、川内2	1985 日本原燃産業発足(六ヶ所村で低レベル核廃棄物処分とウラン濃縮事業)	
1987 敦賀2、福島第二4、浜岡3		
	1988 人形峠のウラン濃縮原型プラント運転開始	
1989 島根2、泊1		
1990 柏崎刈羽5、柏崎刈羽2		
1991 泊2、大飯3		
	1992 六ヶ所村のウラン濃縮施設操業開始／日本原燃サービスと日本原燃産業、日本原燃に統合	
1993 大飯4、志賀1、柏崎刈羽3、浜岡4		
1994 玄海3、柏崎刈羽4、伊方3	1994 高速増殖炉「もんじゅ」運転開始	
1995 女川2	1995 「もんじゅ」ナトリウム火災事故	
1996 柏崎刈羽6		
1997 柏崎刈羽7、玄海4	1997 東海再処理工場で火災爆発事故	
2002 女川3		
2005 浜岡5、東通1		
2006 志賀2	2006 六ヶ所村の再処理工場アクティブ試験開始(→トラブル続発)	
2009 泊3		
2011 福島第一原発事故		
2012 日本の全原発停止→大飯原発再稼働		2012 「原子力基本法」に「わが国の安全保障に資する」挿入

科技庁グループが国策として推進した高速増殖炉は、1972年から動燃が茨城県大洗町で運転を開始した実験炉「常陽」が最初で、これに1994年、福井県敦賀市での臨界の原型炉「もんじゅ」が続く。「もんじゅ」は自主開発の次世代原子炉として、やはり動燃が敦賀市で1978年に臨界の新型転換炉「ふげん」とともに開発を進めてきた。しかし、1995年の「もんじゅ」のナトリウム火災事故を含めて試運転中のトラブルが続き、正式の運転開始はもとよりつぎの実証炉はまったく目途が立っていない。

この間、「もんじゅ」の事業費（支出額）は、1980年度〜2010年度で9106億円と1兆円に近く、ムダに税金を湯水のように飲み込むカネ食い虫となっているが、原発を推進している世界のどの大国も、見切りをつけて高速増殖炉から撤退している。つまり、「夢の原子炉」は「夢の誇大宣伝」でしかなかったのである。しかし、日本の政府や当局が採算を度外視しても高速増殖炉をあえて推進しようというのは、むろんそれなりの下心があってのことである。なぜなら、高速増殖炉は軍事用プルトニウムの「ロンダリング」つまり「洗浄」の装置でもあり、この「洗浄」ないしは「濃縮」された高純度の軍事用プルトニウムを使えば、核兵器の製造が可能となるからである。

それゆえ、隠された高速増殖炉の維持目的は核武装の潜在力の保持、言い換えれば、核兵器生産の技術的担保ということである。事実、槌田敦は「核武装を準備する日本」（核開発に反対する会編『隠して核武装する日本』、影書房、2007年所収）で、「常陽」と「もんじゅ」は濃縮率が100％に近い約36キログラムの軍事用プルトニウムを生産していたことになり、これは広島原爆20発分に相当すると指摘している。

しかも、1994年の槌田敦ら「核開発に反対する物理研究者の会」の質問への動燃の回答では、「もんじゅ」が正常に運転されれば、濃縮率が98％の軍事用プルトニウムを毎年62キログラム生産できるという。したがって、「もんじゅ」が10年間運転されれば、約620キログラムの軍事用プルトニウムを生産でき、現存する36キログラムを加えると約６６０キログラムとなる。これを特殊に再処理して抽出すれば、２０２０年には中国の所有する原爆の数に相当する、３００発以上の原爆を生産できる勘定である。

ところが、この核燃料サイクルのカクレミノを破綻させかねない出来事が、奇しくも日本の対米開戦の日に当たる１９９５年12月８日、動燃の高速増殖炉で起きた。すなわち、敦賀市にある高速増殖炉原型炉「もんじゅ」のナトリウム火災事故である。その２年後の１９９７年、こんどは東海再処理工場で火災爆発事故が起きて追い討ちをかけ、動燃は「どうねんは、どうなってるねん！」とごうごうたる非難を浴びるに至ったのである。

こうして、動燃は解体を余儀なくされ、科学技術庁も中央省庁再編で、その業務は内閣府と文部科学省に引き継がれる。しかも、「もんじゅ」が動かないとなると、日本の核武装を警戒し注視する海外諸国の国際的監視のもとで、六ヶ所村の再処理工場で量産されるプルトニウムの行方への嫌疑が強まる。その窮余の一策として打ち出されたのが、ウランの専焼炉である軽水炉にプルトニウムを混ぜて燃やすプルサーマルであった。

３・11 福島第一原発事故を受けた国のエネルギー政策の見直し論議のなか、文部科学省は２０１２年５月の原子力委員会の新大綱策定会議で、高速増殖炉原型炉「もんじゅ」の今後の位置づけについて、①高速増殖炉実用化を目指す従来路線　②五年後に実用化できるか判断　③実用化は断念するが、廃棄物を燃やす炉として研究継続　④「もんじゅ」を含めて研究開発を中止——の４つの選択肢を示した。

福井県敦賀市の高速増殖炉原型炉「もんじゅ」
写真提供：共同通信社

しかし、高速増殖炉はつぎに取り上げる再処理工場とともに、核兵器製造の技術的能力の担保と位置づけられているので、政府や官庁がこれらからあっさり手を引くとはとても思えない。おそらく、②か③を選択して担保の維持に固執するのではないか、とわたしは危惧している。

●核燃料サイクル計画（2）再処理工場

つぎに、再処理工場も増え続ける使用済み核燃料の尻拭いということに加えて、核武装の潜在力の保持ないしは核兵器生産の技術的能力の担保、という軍事目的を隠し持っている。再処理工場は原発の使用済み核燃料を化学処理して、そのなかからウランとプルトニウムを取り出す工場である。

再処理工場を目玉とする核燃料サイクル計画を積極的に推進したのは、やはり日本の原子力のゴッドファーザーたる中曽根康弘であった。田中角栄がロッキード裁判の丸紅ルートで懲役4年、追徴金5億円の判決を受けた1983年12月8日――12月8日といえば太平洋戦争における旧日本軍の真珠湾攻撃の日に当たるが――中曽根康弘は衆議院選の遊説で青森市を訪れて、「下北を日本の原発のメッカに」とつぎのようにぶち上げた。

「下北半島は日本有数の原子力基地にしたらいい。原子力船の母港、原発、電源開発ATR（新型転換炉）と、新しい型の原子炉をつくる有力な基地になる。下北を日本の原発のメッカにしたら、地元の開発にもなると思う。」（1983年12月8日の青森市での中曽根康弘の発言、山岡淳一郎『原発と権力』、ちくま新書、2011年より）

もともと、青森県下北半島のむつ小川原地域は、田中角栄が自民党幹事長だった1969年、いわゆる列島改造を象徴する「新全国総合開発計画」（新全総）の拠点として白羽の矢が立ち、日本の財界が総がらみで設立したむつ小川原開発公社に土地が買い占められたが、２度の石油危機に見舞われて累積赤字が雪ダルマ式に膨らんでいたところに、〝寝耳に水〟の核燃料サイクル施設計画が〝待ってました〟とばかり登場したのである。

日本の再処理工場としては、１９７７年から動燃が茨城県東海村で運転を開始した東海再処理工場が、実験規模のものとしてあった。いまや、商業ベースの実用規模で本格的な再処理工場を運営する民間の日本原燃サービスが、１９８０年にむつ小川原地域の六ヶ所村に設立され、続いて低レベル放射性廃棄物とウラン濃縮を担当する日本原燃産業が１９８５年に併設された。両者が統合されて日本原燃（略称、原燃）が発足したのは１９９２年である。これらを六ヶ所村の核燃料サイクル施設と呼ぶ。

六ヶ所村の再処理工場は１９８９年に事業申請がなされ、２００６年からアクティブ試験を始めたものの、さまざまなトラブルに見舞われていまだ正式な運転開始に至っていない。この間、全国の各原発サイトの使用済み核燃料プールも、あるいはまた、それを再処理するため六ケ所村の再処理工場に併設された使用済み核燃料の貯蔵プールも、満杯状態に近づきパンク寸前である。

このため、一般にはほとんど知られていないが、全国のへき地や離島などに中間貯蔵施設を建設する計画があちこちで浮上し、これを拒否する〝核のゴミ戦争〟が各地で勃発している。そればかりか、その尻拭いを外国にというわけで、フクシマの大事故最中の２０１１年、日米共同

青森県六ヶ所村の再処理工場
写真提供：共同通信社

で核廃棄物をモンゴルに処分といった計画が明るみに出て、当然のことながらモンゴル政府はこれを拒否している。

ところで、再処理工場は「原発の1年分の死の灰を1日で出す」と言われる、とてつもないキワモノである。つまり、それだけの猛毒を扱うので途方もなく危険なうえ、建設費もウナギ上りに高騰して止まるところがない。日本原燃のデータでも当初7600億円とされた建設費は、現在2兆1900億円と3倍近くに膨れ上がっているのだ。

これまで、日本は動燃の東海再処理工場で使用済み核燃料の一部を処理したほかは、イギリスのセラフィールド再処理工場とフランスのラ・アーグ再処理工場に送って、ウランとプルトニウムを取り出して再処理してもらい、残りの廃液のガラス固化体を高レベル核廃棄物として受け取り、それを六ヶ所村の核燃料サイクル施設に引き取ってきたが、東海村や英仏への委託はすでに処理契約が終了している。

そこで、六ヶ所村で自前の再処理をというわけだが、ここで取り出されるプルトニウムは高速増殖炉の燃料になるとの触れ込みで、しかもエネルギー資源の「リサイクル」という「核燃料サイクル」の計画の衣装をまとっている。これはプルトニウムを貯め込むと核武装への外国の警戒を刺激する日本にとって、格好のカクレミノになるので好都合である。

繰り返すように、高速増殖炉の隠された半面の意図は、これと連動している六ヶ所村の核燃料サイクル施設の中核組織たる再処理工場ともども――むろん、ウラン濃縮工場も含めてだが、核武装の潜在力ないしは核兵器生産の技術的能力という軍事目的の担保なのだ。

3・11のフクシマ以後の国のエネルギー政策の見直し論議のなかで、内閣府の原子力委員会の小委員会は2012年4月、①使用済み核燃料を全量再処理　②再処理と地中廃棄の併存　③全量地中廃棄――の3つの選択肢をコストの試算とともに示した。いずれの選択も、わたしのいわゆる『放射性廃棄物のアポリア』（農文協、２０１２年）をいささかも解消するものではないが、少なくとも、危険この上なく膨大な経費を食う再処理事業からは手を引くべきである。

●佐藤政権下の核武装研究と核兵器生産の潜在的能力

ここで、日本の核武装という生臭い問題についての、わたしの見解を要約して示しておきたい。まず、言い古されたことだが、核ないしは原子力の軍事利用と平和利用は、歴史的にも構造的にも表裏一体で切り離せない、ということを強調することから始めよう。

マンハッタン計画以来のアメリカの核開発の歴史的経過を見ても、原発は原爆の副産物であるが、さきに駆け足でたどった日本の原発の導入と核燃料サイクルの開発の経緯、あるいはまた、今日アメリカが目くじら立てている世界の核保有の動向も、このことを遺憾なく証拠立てている。

たとえば、中曽根康弘ら保守３党による１９５４年３月の原子炉予算の提出にあたって、改進党の小山倉之助は衆議院本会議の提案趣旨説明でこう述べている。

「近代兵器の発達はまったく目まぐるしいものでありまして、これが使用には相当進んだ知識が必要であると思います。現在の日本の学問の程度でこれを理解することは容易なことではなく、青少年時代より科学教育が必要であって、日本の教育に対する画期的変革を余儀なくさせるのではないかと思うのであります。」

「また、ＭＳＡの援助に対して、米国の旧式な兵器を貸与されることを避けるがためにも、新兵器や、現在製造の過程にある原子兵器をも理解し、またはこれを使用する能力を持つことが先決問題であると思うのであります。私は、現在の兵器でさえも日本が学ばなければならぬ多くの点があると信じます。」（1954年3月4日の小山倉之助の原子炉予算の提案趣旨説明。前掲核開発に反対する会『隠して核武装する日本』のⅡ「戦後日本の核政策史」より）

いま読み返すと、これは高度成長時代の科学技術ブームを先取りすると同時に、原子力の「平和利用」というよりも「軍事利用」、すなわち、原爆の開発利用によって「原子兵器」を「使用する能力」を持つよう勧める、まことに露骨な軍事利用の趣旨説明といった印象を受けるほどである。

正力松太郎がイギリスから最初に導入したコールダーホール型の原子炉は、発電しながら軍事用プルトニウムを生産できる原子炉で、それは黒鉛（炭素）で減速した中性子によって天燃ウランから軍事用プルトニウムを取り出す黒鉛減速ガス冷却炉である。アメリカ、イギリス、フランス、ロシアなど世界の原爆のほとんどは、黒鉛炉でつくった軍事用プルトニウムを用いている。

これまで繰り返し強調してきたように、日本の原子力発電の深層の動機の裏側には、核武装の潜在力の保持ないしは核兵器生産の技術的能力の担保という軍事目的が隠されている。そこには、自民党総裁の岸信介から佐藤栄作を経て、中曽根康弘に至るまで、日本の戦後の政府と官庁の執念がこもっているようにさえ感じられる。

岸信介

「核兵器そのものも今や発達の途上にある。原、水爆もきわめて小型化し、死の灰の放射能も無視できる程度になるかもしれぬ。また広義に解釈すれば原子力を動力とする潜水艦も核兵器といえるし、あるいは兵器の発射用に原子力を使う場合も考えられる。といってこれらのすべてを憲法違反というわけにはいかない。この見方からすれば現憲法下でも自衛のための核兵器保有は許される。」（１９５７年５月14日の外務省記者クラブの記者会見における岸信介首相の発言、太田昌克『日米「核密約」の全貌』、筑摩書房、２０１１年より）

「日本人は核兵器を持つべきではないし、核の使用が必要となる状況を招いてはならないと思っている。一個人としては、中共が核兵器を持つなら日本も持つべきだと考えている。しかし国内の雰囲気からして、こうした考えは極めて私的にしか言えない。」（１９６５年1月12日のジョンソン大統領との首脳会談における佐藤栄作首相の発言、前掲太田『日米「核密約」の全貌』より）

「日本も核兵器をつくれるようにしておく」（１９６９年８月の日経連トップセミナーにおける中曽根康弘の講演、アジア・太平洋反核パンフ編集委員会編『82反核から83反核へ』、１９８３年1月より）

その中曽根康弘が防衛庁長官も含めて閣僚で参画していた佐藤栄作の自民党政権下、秘かに日本の核武装の研究が進められていたことは特筆に値する。これら一連の研究は、佐藤栄作があとで取り上げる沖縄返還交渉に関連して、いわゆる「非核三原則」と「核の傘」への依存を表明した時期と重なるが、この佐藤政権下の核武装研究としては以下の５つの文書を挙げることができる。

①　安全保障調査会「日本の安全保障」（１９６７年、１９６８年）
②　「わが国における自主防衛とその潜在能力について」（１９６８年）
③　「日本の核政策に関する基礎研究（その１）」（１９６７年）
④　「日本の核政策に関する基礎研究（その２）」（１９７０年）
⑤　外交政策企画委員会「わが国の外交政策大綱」（１９６９年）

まず、最初の①「日本の安全保障」は朝雲新聞社から刊行され、①「将来の展望 - 日本の核武装の可否」（１９６７年版、石井洵）、②「核武装について」（１９６８年版、筆者不明）③「わが国の核兵器生産潜在能力」（１９６８年版、筆者不明）、のタイトルで3つの版が出ている。

「日本の安全保障」をまとめた「安全保障調査会」は、佐藤政権下で国防会議事務局長をつとめた梅原治が防衛庁の中堅幹部を中心に組織した私的研究グループである。これら3つの論文のうち、③「わが国の核兵器生産潜在能力」の筆者の石井洵は、その当時読売新聞社の科学部記者だったが、安全保障調査会のメンバーで読売新聞社の防衛庁担当政治部記者の指示によって執筆したとされる。

この石井論文「わが国の核兵器生産潜在能力」によれば、コールダーホール型の日本原子力発電の東海発電所を軍事用に転換すれば、年間２４０キログラムのプルトニウムが生産でき、これは少なくとも原爆20発分に相当する。一方、軍事用に転換せず発電炉として用いても、年間6～10キロのプルトニウムが生産でき、これは原爆1発分に相当するとしている。

もう一つ「わが国の核兵器生産潜在能力」で注目すべきは、核弾頭の運搬手段たる弾道ミサイルの開発の現状に言及していることである。フランス政府がロケット開発に着手したのは日本の東京大学のそれとほぼ同じ時期で、東大生産技術研究所が１９５４年にスタートし、１９６０年から本格的な観測ロケットのカッパ８型の打ち上げを始め、１９６６年に重量43・3トンのミュー1型の飛行実験に成功するが、ロケット開発を核弾頭の運搬手段と関連づけて考察する観点は意味深長である。

つぎに、②の秘密報告書「わが国における自主防衛とその潜在能力について」（１９６８年）は、少なくとも防衛庁が関与して執筆されたもので、いま取り上げた石井論文を下敷きに具体的資料や軍事的情報を補強して、わが国の「核武装能力」つまり「核兵器生産の技術的能力」を検討している。

「（ウラン型原爆は人形峠の動燃のウラン濃縮施設で）もし90％以上の高濃縮ウランをつくろうとすれば、年間10発以上の広島型原爆の原料を生産する能力があることになる。」

「（プルトニウム型原爆は東海炉を軍事用に使用すれば）一年間の生産量は約２４０キログラムとなる。これは原爆20発分に相当する。」（１９６８年の「わが国における自主防衛とその潜在能力について（要約）」、『朝日ジャーナル』１９８１年4月17日の「日本核武装の条件／明るみに出た技術検討資料」より）

さらに、③「日本の核政策に関する基礎研究（その1）独立核戦力創設の技術的・組織的・財政的可能性」（１９６７年）、および、④「日本の核政策に関する基礎研究（その2）独立核戦力創設の戦略的・外交的・政治的諸問題」（１９６７年）は、内閣情報調査室が国際政治学者の蠟山道雄や科学者に委託して行なわれたものである。

佐藤政権下の一連の核兵器研究の結論は、１９６９年の外務省の外交政策企画委員会がまとめた秘密文書「わが国の外交政策大綱」に集約されているように思う。当時の官僚の証言では、外交上の政策選択はフリーハンドにすべきだとの観点から、「核カード保有の可能性を残した」と言われているものである。

「当面核兵器は保有しない政策をとるが、核兵器製造の経済的・技術的ポテンシャル（能力）は常に保持するとともにこれに対する掣肘をうけないよう配慮する。」（１９６９年の外務省の秘密文書「わが国の外交政策大綱」、『毎日新聞』１９９４年8月1日の「「核製造の能力保持を」／69年、外務省が秘密文書」より）

これは日本の核兵器製造ないしは核潜在力保持をめぐる自民党政権と官僚組織の基層低音である。この秘密文書が端的に表現している「核兵器製造の経済的・技術的ポテンシャル」の維持という目的こそ、エネルギー政策という表看板の下に隠された核燃料サイクル計画のタテの半面である。そして、これが日本の国策としての原発推進の裏側の動機を説明するのである。

岸信介はさきに引用した１９５７年5月の会見で、「現憲法下でも自衛のための核兵器保有は許される」、と核兵器合憲論を打ち出している。高辻正巳や真田秀夫など歴代の内閣法制局長官が国会答弁で、「核兵器の保有は違憲ではない」との解釈を述べていることも、周知の通りである。

たしかに、日本は核兵器生産の技術的潜在力をすでに保有している。しかし、この技術的能力の蓄積だけで日本が核武装できるわけではない。だいいち、日本が本格的に核武装に打って出ようとしたら、アメリカ政府と国際社会の強力な反発と抵抗を受けるのは必至である。なかんずく、アメリカ政府があらゆる手段や恫喝を加えて、これを止めにかかるであろうことは容易に推測できる。日本の核武装は国内政治の問題であるだけでなく、日米同盟に逆らうことなくしてはあり得ず、それはアメリカ政府を中心とする国際社会の政治と外交の問題に直面する、というのがわたしの目下の見解である。

早い話、軍事用プルトニウムを生産できるコールダーホール型の東海発電所は１９６６年に運転を開始したが、アメリカはこの東海炉の使用済み核燃料を日本で再処理することを許さなかった。その結果、東海炉の再処理はイギリスで行ない、そこで得られた軍事用プルトニウムは、イギリスとアメリカの原爆の材料になったのである。太田昌克の『日米「核密約」の全貌』（筑摩書房、２０１１年）によれば、アメリカ国務省極東局の政策文書「日本の将来」（１９６４年６月26日）は、日本が核武装に向かうかどうかは「その多くが米国の手に掛っている」との認識の上に立ち、いわゆる「核の傘」の供与をもって日本を足場とするアメリカの「軍事戦略」の一環にすると同時に、日本の核武装を阻止する「対日核不拡散政策」つまり「対日封じ込め」の役割を持たせようとするものであった。

自民党総裁の佐藤栄作は、一方で日本の核武装の研究を秘かに進めると同時に、他方では核武装の意図をちらつかせながらこれを外交の〝カード〟に使った。すなわち、沖縄返還交渉最中の１９６７年12月の衆議院本会議で、「核兵器は持たず、つくらず、持ち込ませず」のいわゆる「非核三原則」を打ち出し、翌１９６８年１月の衆議院本会議で、①非核三原則　②実行可能な核軍縮　③アメリカの「核の傘」依存④核エネルギーの平和利用――を４つの柱とする核政策を示した。

この「非核三原則」の公約の背後には「核密約」なる〝抜け穴〟が用意されていたのだが、それはともかく「非核三原則」を示したことによって、佐藤栄作は１９７４年のノーベル平和賞を受賞した。しかし、ノルウェーのノーベル平和委員会は２００１年に刊行した記念誌『ノーベル賞 平和への一〇〇年』で、「佐藤氏は

佐藤栄作

ベトナム戦争で、米政策を全面的に支持し、日本は米軍の補給基地として重要な役割を果たした。後に公開された米公文書によると、佐藤氏は日本の非核政策をナンセンスだと言っていた」と記録している。

この記念誌の共同執筆者の1人オイビン・ステネルセンは、「佐藤氏は原則的に核武装に反対でなかった」として、「佐藤氏を選んだことはノーベル賞委員会が犯した最大の誤り」と当時の選考を批判している。佐藤栄作がノーベル平和賞を受賞と聞いて、わたしは当時ノーベル平和賞そのものの〝パロディ〟つまり〝ブラック・ジョーク〟と受け止めたが、これは文字通り正鵠を射た正しい見方だったのである。

自民党政治家としては小物だったとはいえ、核武装論者の石原慎太郎はかねてから、「日本が世界から尊敬され、重んじられるようになるためには、少なくとも1回は核爆発をやってのけなければならない」とぶち上げていた。つい最近も尖閣諸島問題にこと寄せて、「もし日本が核兵器を保有していたら、今回の事態は起こり得なかった」「少なくとも、高度な科学技術国である日本が核武装に関する論議を本格的に行なうこと自体が、中国に対する強力な外交カードになり得るのです。」（『週刊文春』２０１０年10月7日）、と繰り返している。

これまた小物の自民党政治家でプラモデル専門の軍事オタクで知られる石破茂も、「私は核兵器を持つべきだとは思っていませんが、原発を維持するということは、核兵器を作ろうと思えば一定期間のうちに作れるという『核の潜在的抑止力』になっていると思います。逆に言えば、原発をなくすということはその潜在的抑止力をも放棄することになる」（月刊『ＳＡＰＩＯ』２０１１年10月5日の石破茂「『核の潜在的抑止力』を持ち続けるために私は原発をやめるべきだとは思いません」）、と核武装の潜在力の維持のために原発の効用を説いている。

自民党政治家と同じ核武装論者の小林よしのりは、「核攻撃をくらってから、1年間かけて『核開発』を行なう？……そんな間抜けな国が世界のどこにあるというのか」とからかい、よりドギツク「本気で国土を守るためには原発を全廃して核武装するしかない」と石破茂の主張を裏返している（小林よしのり『ゴーマニズム ＳＰＥＣ

ＩＡＬ国防論』、小学館、２０１１年）。

しかし、それよりも石破茂を含めて自民党政治家たちの愚かさは、原発が仮想敵国やテロリストの格好の攻撃対象になるので、それは「核の潜在的抑止力」どころか「潜在的核爆弾」を抱えるに等しい、ということが何も分かっていない点にある。アメリカ中央情報局出身のハーバード大学の上級研究員が９・11後の核テロの３つの可能性のトップにハイジャック機による原発突入を挙げていることは、わたしが松江市における講演「アメリカの世界軍事戦略と沖縄普天間基地の移設問題」で着目して引用したところだ（２０１０年６月、前掲土井の公式HP http://actdoi.com に掲載）。

それ以前に〝灯台もと暗し〟と言うべきか。外務省は１９８４年に日本の原発が攻撃を受けた場合の被害予測を極秘に研究し、最大で1万８０００人の急死者と4万８０００人の急性障害者が出て、原発から半径87キロ圏内が住めなくなる、と算出していたのである。この被害予測を公表しなかったのは反原発運動の拡大を恐れてのことである（『朝日新聞』２０１１年7月31日の「原発攻撃を極秘予測／84年 外務省「1・8万人急死」を参照）。

日本の自民党政権と官僚組織の基層低音たる核武装論ないしは核潜在力論の遺産は、いまも自民党や〝柳の下のドジョウ〟の〝第二自民党〟の民主党の政治家たちに引き継がれている。民主党の野田佳彦政権は２０１２年６月、国民が何も知らないのをこれ幸いに、民主・自民・公明三党の談合で「原子力規制委員会設置法」の付則として、「原子力基本法」（１９５５年成立）に「我が国の安全保障に資する」の文言を盛り込む法改正を行なった。

この文言は「宇宙基本法」（２００８年成立）にもあったが、このたび「宇宙航空研究開発機構（ＪＡＸＡ）法」にも右へならえで、国会の混乱のドサクサまぎれに駆け込みで挿入された。（『朝日新聞』２０１２年６月21日の「疑念呼ぶ「安全保障」追加」、および、『毎日新聞』６月22日の「「安全保障に資する」追加／「平和利用違反も懸念」などを参照）

これらの法改正は「安全保障」の名目で、核兵器開発につながる原子力開発と宇宙開発の利用目的のなかに、「軍事利用」の目的を公然と持ち込むものである。湯川秀樹も結成に参画した「世界平和アピール７人委員会」（１９５５年結成）が、この文言の挿入は「軍事利用に道を開く」として、直ちに撤回を求める緊急アピールを発表したのも当然である。

第5章 原子力発電を擁護した戦後の科学運動
――民主主義科学者協会と日本科学者会議――

●日本学術会議が推進した原子力の平和利用

1954年3月2日の中曽根康弘らによる原子力予算の国会上程は、戦後の学界で原子力推進の先頭に立っていた日本学術会議の茅誠司や伏見康司らにとって、まさに〝寝耳に水〟というか〝青天の霹靂〟であった。当時の『毎日新聞』（1954年3月4日）には「原子力予算　知らぬ間に出現　驚く学界、こぞって反対」と出てくる。つまり、笛吹けど踊らぬ学界にいら立っていた政治家の中曽根康弘に、先を越されたのである。

戦後、GHQの担当者と密接に接触していた茅誠司は、東北帝大の出身の外様ながら東大の総長や学術会議の会長にまで昇りつめるが、中曽根康弘の原子力予算の提出には「寝耳に水で驚いた。政治的な策謀かどうかは知らない」として、「学者の意見をまとめることはむつかしいだろう。しかし何らかの措置も決定しないまま政治家に先を越されたことを反省すべきだ」、と新聞の取材に答えて言っている。

戦後の日本で禁止されていた原子力研究の再開を目指したのは、日本学術会議の茅誠司と伏見康司である。東大物理出身で大阪大学教授だった伏見康司は1951年の学術会議総会で、講和条約に原子力研究の禁止条項が含まれぬよう要望することを訴え、講和が成ると伏見は茅に学術会議による原子力委員会の設置を政府に申し入れるよう提案した。

しかし、茅誠司と伏見康司の原子力委員会案は、朝鮮戦争・警察予備隊・講和発効・保安隊創設といった政治状況で原子力研究に手を染めれば、「米国の軍事戦略に組み込まれる」と若手物理学者たちの批判を浴び、翌

1952年の学術会議総会で政府への申し入れは取り下げられた。こうして、学術会議の原子力研究についての態度は留保され、中曽根康弘の目には「ボヤボヤ」している学者たちへの苛立ちがつのり、その「ほっぺた」を「札束」でひっぱたきたくなったというわけだ。

一方、「札束」で「ほっぺた」をたたかれた学術会議は、武谷三男の提唱により前年の総会で採択していた「民主・自主・公開」という「原子力の平和利用」の「三原則」を掲げて、政府の原子力政策をけん制し、この「三原則」は1955年12月制定の原子力基本法に取り入れられた。

1949年に発足した日本学術会議は、戦前の帝国学士院や日本学術振興会の改革の産物として生まれたものである。しかし、戦争中の科学動員の嫡出子という性格を拭えなかった。というのも、日本学術会議は内閣総理大臣の管轄下にある、国費によって運営される内閣府の特別な機関だからである。

すぐあとで取り上げる共産党の影響下にあった民主主義科学者協会（略称、民科）も、科学技術政策は市民ではなく科学者のみが決定し得るとの考えで、この点でテクノクラートの路線と共通の地盤に立っていた。だからこそ、日本学術会議の成立を熱烈に歓迎し、そこに多くの会員を送り込むことになったのである。

1948年12月の第1回の日本学術会議の会員選挙では、210人の定員のうち約30人の民主主義科学者協会系の候補者が当選している。この傾向はその後も続き、民主主義科学者協会、並びに、その系譜をひく日本科学者会議（略称、日科）は、日本学術会議のもっとも熱心な擁護勢力となった。

●日本共産党の影響下に活動した民主主義科学者協会

大学に在籍する学者だけでなく、いわゆる文化人や一般の市民・学生も参加した民主主義科学者協会（略称、民科）は、唯物論研究会やプロレタリア科学など戦前の左翼運動団体の生存者たちが合流して、1946年に結成された。

初代会長は唯物論研究会の発起人の一人で数学者にして科学史家でもある小倉金之助で、1950年前後の最盛期には地方支部114、専門委員1772人、普通会員8243人を擁し、機関誌『民主主義科学』をはじめ『社会科学』『自然科学』『国民の科学』など多様な機関誌紙を発行し、戦後の占領期に影響力をもった最大の全国組織であった。

マルクス主義者を中心とした民科の指導部は共産党の影響下にあり、共産党の政争の具に使われて内紛や共産党に無縁な市民・学生の離反をもたらし、いわゆる六全協やソ連のスターリン批判などで求心力を失い、1957年に本部を閉鎖し事務局を解散する。しかし、民科の名前を残した若干の部会は、その後も活動を継続した。

一方で共産党と民科の「原子力の平和利用」の路線を敷くとともに、他方で学術会議の「原子力の平和利用」の「三原則」を準備したのは、武谷三男であった。茅誠司と組んで学術会議の原子力利用を推進した伏見康司も、民科を離脱したとはいえ元民科で、武谷三男や坂田昌一と「原子力の平和利用」の枠組をつくった人物の一人である。さきに、武谷三男が敗戦直後に原子爆弾を「反ファッショ」の「人道主義者」の協力の産物として肯定した論文が、民科の編集委員によって握り潰されたと書いたが、にもかかわらず武谷は民科のもっとも有力な会員だったのである。

1949年10月26日の民科技術部会の連続講演で、武谷三男は「原子力産業と科学技術の行方」と題して講演し、これに続いて共産党書記長の徳田球一は「先ほどの武谷先生の話」を受けてと断って「科学と技術におけるマルクス・レーニン主義の勝利」について講演している。

民科の指導部を事実上支配していた共産党の科学技術部による1946年11月の「日本の科学・技術の欠陥と共産主義者の任務（科学技術テーゼ）」も、武谷三男の執筆によるものではないかとの見方がある。

共産党の影響下にあった民主主義科学者協会の限界については、政治学者の藤田省三が久野収・鶴見俊輔との共同討議で批判的な分析を加えている。藤田に言わせれば、「民主主義科学」という言葉それ自体が「矛盾形容」なわけだが、民科を「思想としての堕落」としてつぎのように批判している。

「思想の持主が、自分の「立場」や「考え」を、根本から懐疑のルツボにたたき込んで、絶えず自分の考えを自分で破壊しては再形成する過程の重要さを忘れて、自己の立場を実体化することを指しています。」

「本来、民主主義科学というのは、形容矛盾どころの話じゃなく、科学の普遍性をぜんぜん自覚してない言葉です。科学性を政治形態ではかっている。このことはマルクス主義が何でも含んでいるというところから生まれて来た。これを弁証法というやつが合理化することになっている。」

「他の科学を断酒した国民科学という理念は、国民という特殊なものと、科学という普遍的なものとが結付られたため、メチャクチャなんです。これが、民科の1951年以降の考え方を決定した。そこで、民科は科学者の団体であることをやめて、もっぱら政治運動の団体になった。」（藤田省三「マルクス主義の思想としての堕落の歴史」、久野収・鶴見俊輔・藤田省三『戦後日本の思想』、中央公論社、1959年所収）

藤田省三の民科批判の論点は科学の方法や仮説性にかかわることで、これは武谷三男も振り回したマルクス主義の弁証法の誤謬にも関連し、重要な問題なのであとでもう一度取り上げたい。

ただ、ここでひとこと付け加えておきたいのは、藤田省三も認めるように、「日本の戦後の再建を、インテリゲンチャの内部世界で担って、精神的秩序を作り上げるにあたって一番大きな力があったのは、マルクス主義者だった」ということである。

実際、今日の大学の学閥や序列に支配されたアカデミズムの閉鎖的世界に比べて、市民や学生も参加する民科が目指したものは、今日的な観点からも評価していい。と同時に、マルクス主義政党たる共産党の影響下にあった民科の末期に、「日本的な共同主義」になって「天皇制の原理が、小集団の中で再生産」されるに至ったことも否めないところだ。

●民主主義科学者協会を受け継いだ日本科学者会議

共産党の政治に振り回されたあげく、民主主義科学者協会が１９５７年に崩壊し解散したあと、やはり科学者の全国組織として日本科学者会議（略称、日科）が、１９６５年に歴史学者の江口朴郎らの呼びかけで創立された。創立総会には18都道府県の４７１人が参加し、１１８６人の発起人によって結成され、代表幹事にはマルクス経済学者の林要らが就任した。各都道府県の支部のほか、公害環境問題研究委員会、原子力問題研究委員会、平和問題研究委員会、食糧問題研究委員会など多数の専門委員会がある。

日本科学者会議もまた指導部は共産党の影響下にあった。その日本科学者会議編『原子力発電』（合同出版、１９８５年）を見ると、「日本で推進されてきた原子力発電開発のあり方については、多くの点で批判を行なってきた」と断りながらも、「もとより日本科学者会議は原子力利用の可能性を頭ごなしに否定する立場に立つものではない」と認めている。

事実、この日本科学者会議編『原子力発電』の執筆者一覧には、安齋育郎（東京大学医学部・放射線防護学）

や中島篤之助（中央大学商学部・化学）や野口邦和（日本大学歯学部・放射化学）など大学の学者に加えて、日本原子力研究所の原子力専門家が９人も名前を連ねている。

日本原子力研究所は１９５６年に設立され、さきに指摘した日本初の研究用原子炉のＪＲＲ－１を臨界させた国策法人の研究機関で、２００５年には核燃料サイクル開発機構と合併して今日の日本原子力研究開発機構に至る。

つまり、日本の原子力を推進してきた国策の研究機関だが、その日本原子力研究所の原子炉工学の青柳長紀、放射化学の市川富士夫、材料化学の舘野淳といった面々が執筆陣に加わっているのである。

東大工学部原子力工学科出身の安齋育郎は、東大医学部から立命館大学の教授に転身し、３・11のフクシマ以後はいわゆる「原子力村」からはずされた人間として週刊誌などに登場したが、小出裕章のような明快で徹底した原発の反対派と違って、わたしはこれまで原発の条件付き容認派と見ていた。

というのも、チェルノブイリ原発事故のあと、わたしの地元の鳥取県生協が主催した講演会で、安齋育郎は『原発　そこが知りたい』（かもがわブックレット、１９８９年）でも書いているように、「火力発電の稼働率上昇に伴う環境問題、６万人をこえる原発労働者の生活保障、原子力産業の全面停止に伴う国民経済への影響等について、現実をふまえた政策次元での検討と国民的合意が必要です」、と脱原発に〝二の足〟を踏んでいたからである。安齋育郎は「将来の核エネルギー利用の可能性は残しつつ」とも書いている。少なくとも、これが安齋育郎の原発の是か非かの判断を示すものであると同時に、それはまたかれを有力メンバーとする日本科学者会議のスタンスでもあることは否定できない。

中島篤之助は日本原子力研究所東海研究所を経て中央大学商学部教授となったが、日本科学者会議原子力問題研究委員会の委員長にして学術会議の会員で、安齋育郎との共著『日本の原子力発電　安全な開発をめざして』（新日本出版社、1974年）が示すように、「安全な」原発の開発を主張してきた容認派の科学者の一人であった。

日本大学の野口邦和に至っては、チェルノブイリのあと広瀬隆が『危険な話』（八月書館、1987年）を書くなど、いわゆる〝ヒロセタカシブーム〟が起きたとき、その〝火消し役〟をつとめた日本科学者会議の科学者である。

すなわち、野口邦和は共産党系の『文化評論』（1987年7月号）に「広瀬隆『危険な話』の危険なウソ」を書き、その論文が『文藝春秋』同年8月号に「デタラメだらけの『危険な話』」として転載され、電力会社はこれを日本原子力文化振興財団の『つくられた恐怖』とともに、大量配布したと言われる。

この広瀬隆批判は、共産党が機関誌『赤旗』（1988年1月29日、4月22日）で、わたしや松下竜一から高木仁三郎や槌田敦や室田武まで、いわば十把ひとからげに脱原発派の活動家や科学者を攻撃したのと、軌を一にしていた。この問題は共産党と吉本隆明を比較して批判するさいに、あとでもう一度取り上げる予定である。

いずれにせよ、民主主義科学者協会と同様、日本科学者会議もまた共産党の影響下にあり、その原発方針は共産党の政治方針とともに動くものだったわけだ。繰り返すが、政治の道具というか党派性をもった科学運動は、自己矛盾の産物以外の何物でもない。

●日本共産党の条件付き原発容認政策

ここで、かくも大きな影響力をもった日本共産党の原発政策を歴史的に検証しておきたいと思う。その前に、マルクス主義者とアナキストの対立をはらんで内部で抗争してきたとはいえ、1956年のスターリン批判までは世界的に「左翼」といえば「共産党」を意味し、おおむね「左翼文化」も「共産党文化」を意味していたことを押さえておかなければなるまい。

その「左翼文化」も「共産党文化」も、今日では古色蒼然としているが、それなりに世界の各地で資本主義体制や帝国主義戦争に抵抗してきたので、まったく無意味かつ無価値なものだったとは思わない。その後、トロツキーの再評価などもからんで新左翼なるものが登場するわけで、日本では１９６０年安保闘争がその転機となった。

共産党の原発政策の歴史的な推移は、加藤哲郎の「日本のマルクス主義はなぜ「原子力」にあこがれたのか（ウェブ版）」（日本同時代史学会２０１１年度大会「越境する知と日本」、２０１１年12月10日の「マルクス主義と戦後日本の知的状況」）が参考になるので、これをもとにたどっていくが、共産党の「原子力の平和利用」論は武谷三男の影響による、徳球こと徳田球一の「原爆の平和利用」論に原型があった。

いわゆる「原子力の平和利用」は１９５３年12月のアイゼンハワー米大統領の国連演説「アトムズ・フォア・ピース」によって世界中に流布された。しかし、それに先立って日本では、武谷三男や徳田球一の「原爆の平和利用」の提唱があったのである。

すでに見たように、１９４８年11月の武谷三男の「原子力のはなし」、あるいはまた、その武谷の影響による１９５０年1月の徳田球一の「原子爆弾と世界恐慌を語る」（パンフ『原子爆弾と世界恐慌』）は、「原爆の平和利用」を唱えていた。それはこれから紹介する原爆と裏腹の原子力の平和利用に夢を託する当時の新聞や雑誌の記事に、一つの理論的ないしは政治的な表現と方向づけを与えるものであった。１９４０年代後半を通してつむがれた原子力の夢には、たとえばつぎのようなものがある。

「機関車も燃料いらず、平和の原子力時代来れば」（『九州タイムズ』１９４６年11月27日）、「月世界・金星旅行の夢ふくらむ、今日原子力の日」（『西日本新聞』１９４６年12月3日）、「平和のための原子力時代来る、新ラジウム完成す、安価にできるガンの治療」（『京都新聞』１９４８年8月8日）、「お米の原子力時代」で農業増産

(『生活科学』1946年10月)、「農民の夢、原子力農業」(『明るい農家』1949年6月)、「農家を悩ます颱風の道、原子力で交通整理」(『中国新聞』1946年7月26日)、「原爆を神風にする道」(『北日本新聞』1949年8月6日)、「科学の目:近く原子力暖房」(『新生科学』1948年12月)、「平和にのびる原子力、破壊↓幸福の力↓建設、驚異・300倍の熱量、航空機・自動車・医療へ実用化」(『九州タイムス』1949年8月9日)、「原子力は第2の火、人間は別種の動物に進化」(『長崎民友』1949年1月1日)、等々…。

面白いことに、全逓信労働組合広島郵便局支部の機関紙のタイトルは『アトム』であった。宇部セメント労働組合青年部の機関紙の創刊号は『原爆』と名付けられた。つまり、左翼や革新勢力ほど「原爆アレルギー」にほど遠く、1949年8月にソ連初の原爆実験が成功するや、共産党はこれを歓迎して意気上がり、徳田球一の原爆パンフに見るように、「なぜ資本主義では原子力は平和的につかえないか、なぜソ同盟では平和的につかえるか」、と「原子力の平和利用」に向けてオクターブを上げたのである。

当時、「アトム」とか「ピカドン」といった言葉がよく新聞や漫画に登場したが、加藤哲郎も指摘するように、これは「原子力」や「原爆」を中性化して、あまり抵抗感なく受け入れやすいものにする効果があった。広島や長崎を「アトム都市」とする記事は1947年ごろから現われ始める。

たとえば、1947年12月の昭和天皇の広島行幸は、「お待ちするアトム都市」(『九州タイムズ』1947年12月1日)、「ピカドン説明行脚、天皇がアトム広島に入られた感激の日」(『中国新聞』1947年12月11日)、といった調子である。1948年の長崎原爆記念日は、「祈るアトム長崎、3周年記念、誓も新た平和建設」(『西日本新聞』1948年8月10日)と報じられ、爆心地は「浦上アトム園」(『熊本日日新聞』1948年8月10日)と名付けられた。

子どもたちが読む小説や漫画の世界では、原子力をエネルギーとする怪物が登場する。「アトム先生とボン君」

(『こども科学教室』1948年5月1日)、「ゆめくらぶ・ミラクルアトム」(『漫画少年』1948年8月20日)、「空想漫画絵小説：アトム島27号」(『冒険世界』1949年1月1日)、「科学冒険絵物語　アトム少年」(『少年少女譚海』1949年8月1日)、と原子力は夢の世界へと子どもたちを導く。こうして、手塚治虫の「鉄腕アトム」(『少年』1952〜1968年)の出現となる。

もう一つ笑うに笑えないのは、これも加藤哲郎のウェブ版の論考で初めて知ったのだが、滋養強壮剤「ピカドン」と「かぜにピカトン」である。一方の「ピカドン」は、1948年に広島に設立された「あとむ製薬」から売り出された滋養強壮剤である。他方の「かぜにピカトン」「新ピカトンM」は、富山のクスリ売りの置き薬にあった風邪薬である。

はたして、滋養強壮剤「ピカドン」が今日のバイアグラも顔負けの、世の男性たちに希望の光を与えるような効果を発揮したかどうか。「かぜにピカトン」「新ピカトンM」については、わたしも子どものころ山陰の鳥取まで富山のクスリ売りがやって来て、毎年のように薬を入れ替えて帰って行く姿をかすかに覚えているが、そのなかに「ピカトン」「新ピカトン」というのがあったかどうか、さすがに記憶に残っていない。むろん、クスリに原爆を詰め込むわけにはいかないので、「ピカドン」も「ピカトン」もコケオドシの名前であることは確かだ。

大正期の東京・銀座には、「マダム・キュリー・キャバレット」なるカフェ

↑広島のあとむ製薬から販売された滋養強壮剤「ピカドン」

←富山のクスリ売りの置き薬にあった「かぜにピカトン」と「新ピカトンM」

があり、ラジウム入りの水を飲ませる商売をしていたが、昭和期には島津製作所が「ラジウムは万病に効く」との触れ込みで、ラジウムを家庭に売り込んでいたようである。当時シカゴの実業家が精製したラジウム入りのドリンク剤「ランドール」を飲み、「身の毛のよだつ死に方」をしたというおっかない話もあるので、「ピカドン」や「ピカトン」は文字通りコケオドシで幸いしたわけである。

１９６５年に社会党系の原水禁（原水爆禁止日本国民会議）が、共産党が指導部をにぎる原水協（原水爆禁止日本協議会）から離脱し、「安全の保障されない原子力発電所、核燃料再処理工場には反対しよう！」のスローガンを掲げたのは、１９７１年の被爆26周年の大会であった。これを契機に原水禁は社会党や総評とともに、反原発の住民運動や市民運動に合流して行く道を歩む。

一方、共産党は原水禁の「核と人類は共存できない」に反対し、１９７０年代以降も原発推進の政策を掲げ、反原発の住民運動や市民運動に立ち塞がる勢力となっていった。その軌跡を共産党の条件付き原発容認政策としてピック・アップしておく。

「原子力三原則をまもり、安全で放射能汚染や環境の悪化をもたらさぬ原子力発電計画をつくり、新エネルギーの一環として原子力の研究、開発をすすめる。」（１９７３年11月の「民主連合政府綱領についての日本共産党の提案」）

「原子力の発見は、人類のエネルギー利用の将来に巨大な可能性をひらいた。……原子力の平和利用のための研究・開発は、この新しいエネルギーの有効で経済的な利用でも、人類の安全保障の面でも、大局的にはまだはじまったばかりの段階であることから、今後の研究にまつところが大きい。」（１９７５年３月の「安全優先、国民本位の原子力開発を目指す日本共産党の提言」）

「日本共産党の原子力政策の基本は、①原子力の軍事利用を阻止し、②研究・開発の民主的、総合的発展をはかり、③安全、有効な平和利用をすすめることである。」（１９７７年６月の日本共産党『日本経済への提言』）

むろん、個々の個人の判断や地域の行為がすべてそうだったわけではないと思う。たとえば、小出裕章との共著『原発のないふるさとを』（批評社、２０１２年）の「青谷原発立地阻止運動に学ぶ」で報告したように、わたしの地元の鳥取県の青谷原発立地阻止運動では、各界の共同アピールに共産党系の人びとも参加して名前を連ねている。したがって、条件付き原発容認政策を進めたのは、厳密には日本共産党中央だったというべきかも知れない。

少なくとも、日本共産党中央の条件付き原発容認政策は１９８０年代を通して変わらぬどころか、さきに日本科学者会議の野口邦和の広瀬隆批判にこと寄せて触れたように、１９８６年のチェルノブイリ原発事故後の日本の反原発運動の高まりに〝冷や水〟をかけるものであった。この問題はわたしにも直接かかわりがあるので、あとで少しくわしく取り上げたいと思う。

その共産党が「原発の新増設は行なわない」と言い出したのは１９９０年代半ば、さらに、「原発からの段階的撤退をめざす」と表明したのは２０００年６月の第22回党大会からである。そして、共産党が脱原発への舵を切ったのは、２０１１年の３・11の福島第一原発事故以後であった。

しかし、共産党の志位和夫委員長は、３・11の福島第一原発事故後の『毎日新聞』（２０１２年８月25日）で、「私たちは核エネルギーの平和利用の将来にわたる可能性」までは否定しないと発言しているので、未練がましいというべきか病膏肓というべきか、「原子力の平和利用」の幻想を捨て切れていないと考えざるを得ない。

第6章 そっくりさんの新左翼知識人と旧左翼共産党

——吉本隆明と日本共産党——

●双面のヤヌスの吉本隆明と日本共産党

２０１２年３月に吉本隆明が死去してたくさんの追悼文を目にしたが、いずれも吉本隆明に対するヒイキのヒキ倒しの祝儀相場で、要するにヨダレクリのようなゴマスリの文章ばかりであった。しかし、怖い先生が亡くなったのをこれ幸いに、オブラートに包んだり煙幕を張ったりしてコッソリと自説を修正し、これまでのオマージュの論点を巧妙に少しずつズラしながら、吉本教祖の誤りをそれとなく指摘するエピゴーネンも出てくるに違いない。

すでに、わたしは吉本隆明の『「反核」異論』（深夜叢書社、１９８２年）や反原発運動批判を俎上に乗せ、チェルノブイリ事故直後の『反核・反原発・エコロジー——吉本隆明の政治思想批判』（批評社、１９８６年）、並びに、福島第一原発事故後の２０１１年末に刊行した『原子力マフィア——原発利権に群がる人びと』で、吉本隆明の反核や反原発に対する皮相な見解を徹底的に批判してお い

『反核・反原発・エコロジー』と『原子力マフィア』
吉本隆明を批判した著者の２著

た。

しかも、わたしの批判は反核・反原発・エコロジーについてだけでなく、それらの所説の基盤にある吉本隆明の政治思想――というよりも、むしろ吉本隆明の政治思想の欠落、という致命的なウィークポイントに焦点を当てたので、それはいまでもそのまま通用する論点を提供していると確信している。

ところが、3・11のフクシマ以後、30年前の吉本隆明の『「反核」異論』をいまさらのように取り上げ、ああでもない、こうでもない、となつかしむ新左翼系の学者たちの座談会（市田良彦・王寺賢太・小泉義之・絓秀美・長島豊『脱原発異論』、作品社、２０１１年）に接して、学者先生のヒマつぶしのお遊びに、わたしはあいた口が塞がらなかった。3・11のフクシマに悪乗りした座談会を単行本にするのはけっこうだが、東京のデモの批評で脱原発を語る宙に浮いた足場と認識の浅はかさに驚いた。そこには、およそ現実を見る目もなければ、緊張感もリアリティもない。ヒラヒラした自分たちの知識や観念の押し売りが先走って浮遊しているだけだ。そんなお遊びのヒマがあったら、自分の領域の仕事に打ち込んだらどうか。

わたしがユニオン東京合同主催の講演「原子力マフィア――最新の状況と資料を踏まえて」（２０１２年1月31日、前掲土井の公式ホームページhttp://actdoi/comに掲載）で、こうした吉本隆明にブラ下がるダラけ切った先生たちの議論を批判せざるを得なかったゆえんである。吉本隆明の『「反核」異論』はといえば、つぎのような馬鹿げた見解を恥ずかしげもなく口にしている。

「自然科学的な『本質』からいえば、科学が『核』エネルギイを解放したということは、即自的に『核』エネルギイの統御（可能性）を獲得したと同義である。また物質の起源である宇宙の構造の解明に一歩を進めたことを意味する。（吉本隆明『「反核」異論』、深夜叢書社、１９８２年）

そもそも、吉本隆明は、科学と科学の応用の産物である科学技術とを混同している。言うところの「物質の起源」や「宇宙の構造」の解明は科学の仕事であって、それを応用というよりも悪用した「原爆」や「原発」がそれらの解明の仕事をするわけではない。

たとえば、わたしはごく最近のヒッグス粒子の発見という大ニュースを久し振りに興奮して受け止めたが、このビッグバンの直後に誕生したとされる素粒子の発見こそ、「宇宙の構造」や「物質の起源」の解明に資するものであることは言うまでもない。原発がそれらの解明の仕事をするかのように言い立てる吉本隆明の言葉は、何とも驚くほどお粗末なニセ科学の認識でしかないのだ。

つぎに、「核」エネルギイの解放＝「核」エネルギイの統御の獲得、という図式が成り立たない。第一にチェルノブイリやフクシマのような大事故、第二に核廃棄物のあと始末の難問――この原発の〝二大泣き所〟が〝論より証拠〟である。

面白いことに、わたしが『反核・反原発・エコロジー』を出すと、〝双面のヤヌス〟というか〝二股大根〟というか、吉本隆明と共産党がわたしに噛みついてきた。というのも、わたしが宮本顕治と吉本隆明の二人に向けて、「宮本と吉本とでは一字違いで瓜二つ」と皮肉ったからである。

「かつて、宮本委員長の当時、共産党は「反原発は反科学」との立場をとっていたが、吉本が言っているのも「反原発は反科学」ということである。宮本と吉本とでは一字違いで瓜二つ――と書けば、吉本も気分を害しようが、こと原発問題に関する限り意見は完全に一致している。

双面のヤヌス・吉本隆明と宮本顕治

（土井淑平『反核・反原発・エコロジー——吉本隆明の政治思想批判』、批評社、1986年の第4章「反原発運動」1「反核と反原発」）

周知のように、吉本隆明は1960年安保闘争で反日共系全学連を支持して、新左翼の知識人として一躍脚光を浴びるに至った人物である。その反日共系の旗手が共産党と呉越同舟で、つまりは、〃日本共産党そっくりさん〃だったという事実ほど、意外というか想定外の証拠物件はあるまい。これは吉本隆明を反日共系の教祖とあおぐ信者たちにとって、とうてい受け入れ難いもののはずである。

案の定、吉本隆明と共産党は、まるで二人三脚を組むかのように、お手々をつないで「原発」は「科学」、「反原発」は「反科学」、とわたしを松下竜一ともども批判してきた。

「エコロティズムとテロリズムは、現在の左翼的な退廃のふたつの形態だよ。土井某と松下某がお手々をつないでしまうのは、いわば必然なんだよ。……土井某のような、科学を否定するわけではない。科学主義を拒否するのだとなどといっている不徹底な日本のエコロジストがイリイチを持ちあげるのは、阿呆としかおもえない」（『試行』第67号、1987年12月の吉本隆明「情況への発言」）

「また同氏（松下竜一）が推薦する『反核・反原発・エコロジー』（土井淑平著）は、科学技術の進歩そのものを敵視する反科学主義の立場に立って「核兵器と原発は一卵性双生児であって……『反核』は同時に『反原発』でもなければならない」と特異な理論を主張」（日本共産党『赤旗』1988年1月29日の「反原発の実像、「反科学」で分裂策す——運動にもぐり込む異質な顔」）

●チェルノブイリ原発事故と反原発運動のもみ消し

それはかりではない。吉本隆明と日本共産党は、1986年にチェルノブイリ事故が起き、全国各地で反原発運動が高まるや、この事故の影響と運動の高まりに水をかけ、見苦しいもみ消しを図ったのである。

「あんな規模の大きい事故は、1世紀に2、3回起こるかどうかというほどのもの」「どんな装置だってこわれるんだよ。飛行機だって落ちて、1回で500人も死んだりする」（『ビジネス・インテリジェンス』1988年四月号の吉本隆明「世紀末のゆるやかな大革命」）

「チェルノブイリ級の事故は、確率論的にもうあと半世紀はあり得ない」（『試行』第68号の吉本隆明「状況への発言」）

チェルノブイリ級の事故が「あと半世紀はあり得ない」がフクシマの事故で完全に否定されたことは周知の通りだ。それどころか、1979年のスリーマイル島原発事故、1986年のチェルノブイリ原発事故、2011年の福島第一原発事故、と数え上げてみると、30年間に3回の重大事故が起きていることが分かる。つまり、10年に1回の割合の確率である。

のみならず、わたしが『原子力マフィア――原発利権に群がる人びと』でも引用したように、吉本隆明の「どんな装置だってこわれるんだよ」の発言が、そのころ中国電力の社長だった松谷健一郎の物議をかもした開き直りの弁、「原発は壊れるのが当たり前」にそっくりなのには、さすがのわたしも苦笑させられたものである。

吉本隆明はチェルノブイリ事故や伊方原発出力調整実験で盛り上がった反原発運動に、「マス・ヒステリア」

なる非難を投げつけたので、わたしは「世紀末のゆるやかな反革命」を願望する老批評家の「亢進性ヒステリー」と切り返した。

２０１１年の福島第一原発事故のあと、脱原発を再確認したイタリアの国民投票に寄せて、自民党幹事長の石原伸晃がこれを「集団ヒステリー状態」と批判したが、その口調がかつての吉本の口調にそっくりなのも面白い。能のシテとワキでもあるまいに、右から吉本隆明が反原発退治に登場すると、左から共産党があとを追うかのように出てくるというのも、奇妙といえば奇妙な構図である。さきに、チェルノブイリ事故後の日本科学者会議の野口邦和の広瀬隆批判が、共産党の反原発運動批判と歩調を合わせたものだったことを指摘した。

１９８８年1～2月の伊方原発出力調整実験に抗議する2次の高松行動、並びに、同年4月の原発止めよう！1万人行動（実際には2万人行動に膨れ上がった）に対して、共産党が浴びせた非難の一部を挙げておこう。

「(松下竜一や土井淑平は伊方原発の出力調整実験反対の行動で）素顔を隠して住民に近づいていますが、実態は住民の願いとは無縁な、核兵器廃絶の全人類的運動に「反原発」をもちこんで分裂策動をすすめる一方、原発反対運動にも分裂と混乱を持ち込む勢力です」(『赤旗』１９８８年1月29日の「反原発の実像、『反科学』で分裂策す」)

「(東京の原発止めよう！　1万人行動の呼びかけの中心的役割りを果たした高木仁三郎や槌田敦、室田武といった反原発の学者は)反科学主義、科学技術悪論の立場に立って、原子力の平和利用の可能性まで否定する」(『赤旗』１９８８年4月22日の「ニセ『左翼』集団主導の4・23反原発集会、核兵器廃絶を後景に」)

●アッと驚く核廃棄物の宇宙処分という珍説

しかしながら、何と言っても、吉本隆明と日本共産党の二人三脚による原発弁護論の極めつけは、ロケットによる核廃棄物の宇宙への打ち上げである。核廃棄物の宇宙打ち上げという吉本隆明の珍説にも、まるで影法師のように太陽へのぶち込みという共産党の奇論がついてくるから、さすがのわたしも唖然としないわけにはいかない。

「現代物理学のイロハでも知っていれば、『核』廃棄放射能物質が『終末』生成物だなどというたわけ果てた迷妄が、科学の世界をまかり通れるはずがないのだ。宇宙はあらゆる種類と段階の放射能物質と、物質構成の素粒子である放射線とに充ち満ちている。半衰期がどんなに長かろうと短かろうと、放射性物質の宇宙廃棄（還元）は原理的にはまったく自在なのだ」（前掲吉本『「反核」異論』）

「これは宇宙における物質代謝を考えればすぐにわかるのと同じように、核廃棄物を打ち上げて宇宙代謝する。宇宙空間で処理できない物質代謝はないんです。科学的には可能です」（『家庭画報』１９８６年８月号の発言特集「放射能とわたし」の吉本隆明「原子力エネルギー利用は不可避。現在の『反原発』はおかしい」）

「私は、科学の進歩によって、必ず死の灰を無害にする技術か、

核廃棄物を宇宙に打ち上げる吉本隆明

再利用するなどの技術は、人類はみつけるにちがいないと思います。また、そうなれば、将来は原発の安全炉ができるわけです。夢物語みたいなことですが、私は放射性廃棄物をロケットに積んで太陽にぶちこむ方法もあると思います。太陽の引力圏に送りこんでやれば、後は太陽が吸い込んでくれるでしょう。太陽はものすごく大きいものですから、世界中の放射性廃棄物を全部送り込んでも『チュン』というくらいのものです」（高原晋吉「原子力発電問題をめぐる政治的対決」、日本共産党『原発の危険と住民運動』、１９９０年所収）

むろん、高原晋吉の論文が共産党の公式見解とは考えないが、いずれもアッと驚く珍説奇論である。アメリカのスペースシャトル・チャレンジャーがチェルノブイリ事故の少し前の１９８６年1月、打ち上げに失敗し爆発・炎上したことは、吉本隆明も共産党も知らないはずはあるまい。

たとえば、高レベル廃棄物は子どもの背丈くらいのガラス固化体1個に、広島原爆30発分の放射能を含んでいるが、もしこれをいっぱい詰め込んだロケットが爆発・炎上したら、すさまじい地球汚染でおそらく人間は住めなくなるであろう。

それ以前に、核廃棄物の処分のためロケットを製造し打ち上げるとなると、それこそ膨大なエネルギーと経費が必要なので、原発が生み出す電気のコストよりもはるかに高いコストがかかるに違いない。そうなれば、収支が合わず、いったい、何をやってんだ、ということになるではないか。

さきに批判しておいたように、現状を直視するならば、吉本

核廃棄物を太陽にぶち込む共産党員

表２　地球の年代記と核廃棄物の将来

１億年前	恐竜の時代（中生代白亜紀）
1,000 万年前	ゾウの祖先パレオマストドンの時代（新世代中新世）
100 万年前	猿人オーストラロピテクスの時代 原人ピテカントロプスの時代
10 万年前	旧人ネアンデルタール人の時代 新人ホモ･サピエンスの時代
１万年前	石器人・縄文人の時代
１千年前	平安時代 （東ローマ帝国、新聖ローマ帝国、ゲルマン諸国家の時代）
現在	？
１千年後	？？
１万年後	？？？
10 万年後	？？？？
100 万年後	？？？？？
1,000 万年後	？？？？？？
１億年後	？？？？？？？

いったい、誰が、このような超長期にわたる高レベル核廃棄物の管理責任をとるのか。企業か？国か？——だが、１千年、１万年、10万年……も続く企業や国家があるのか。

国の企業である動燃は、わずか30年前のウラン残土のあと始末すらしていない！　これこそ論より証拠だ！

隆明のいわゆる「核」エネルギイの解放＝「核」エネルギイの統御の獲得どころの話ではない。現在、日本だけでなく、アメリカも含めて世界中の政府と原子力当局が、核廃棄物の処理困難の厚い壁にぶつかって立ち往生しているのだ。

つまり、わたしが最近の新著を『放射性廃棄物のアポリア』と名づけた通り、核廃棄物は完全に糞詰まりのデッドロックの状態である。政府は福島第一原発の廃炉処理は数十年との工程表を発表しているが、廃炉に含まれている高レベル核廃棄物である使用済み核燃料の毒性の持続と管理の必要は、数十年どころか10万年とか100万年といった天文学的な時間尺度の問題である。

福島第一原発の事故は、かりにフクシマがなくとも原発が抱えている深刻な核廃棄物の問題、なかんずく高レベル核廃棄物たる使用済み核燃料の問題に、あらためてわたしたちの目を向けさせ直したのである。

●反原発で猿になる！　と遠吠えする猿族の仲間

吉本隆明の恥の上塗りの行き着いた先が、1994年10月の原子力業界のPR誌『原子力文化』の〈原子力の日〉特別号の巻頭インタビューであった。わたしはさっそく松下竜一の主宰する『草の根通信』(1995年1〜3月)に、「原子力業界のPR誌でピエロを演じた戦後思想家――吉本隆明の転落の思想的根拠を問う」を発表して吉本を追撃した。

この重要な論考は『原子力マフィア――原発利権に群がる人びと』の第3章「A級戦犯の戦後思想家」に加筆して再録している。いま駆け足でたどってきた重要な論点も含め、3・11以後のフクシマの大惨事も踏まえて、それこそ完膚なきまでに吉本隆明の原発弁護論を批判しておいたつもりである。

3・11のフクシマの大惨事の深刻な現実と複雑な推移を見れば、いくら吉本隆明でも原発の弁護はできないだろうと思いきや、『毎日新聞』、『日本経済新聞』、『撃論』、『週刊新潮』などに相次いで登場し、「科学の進歩」「科学技術の進歩」から「文明の発達」へと大ブロシキを広げて、原発弁護論のオクターブを挙げたのには呆れた次第である。そのいくつかを抜粋して以下に掲げておく。

「技術や頭脳は高度になることはあっても、元に戻ったり、退歩することはあり得ない。原発をやめてしまえば新たな核技術もその成果も何もなくなってしまう。」(『毎日新聞』2011年5月27日夕刊のインタビュー「科学技術に退歩はない」)

「原発をやめる、という選択は考えられない。……発達してしまった科学を後戻りさせるという選択はあり得ない。それは、人類をやめろ、というのと同じです。」(『日本経済新聞』2011年8月6日のインタビュー「原発をやめる、という選択は考えられない」)

「しかし、ここまで努力して開発してきた原発をすぐにやめてしまえというのは、人類としての発展、進化が止まってしまってもいいということにつながるので、非常に大きな問題に関わってきます。」(『撃論』2011年10月のインタビュー「吉本隆明『反原発』異論」)

「ある技術があって、そのために損害が出たからといって廃止するのは、人間が進歩することによって文明を築いてきたという近代の考え方を否定するものです。」(『週刊新潮』2012年1月5日新年特大号の「「反原発」で猿になる!」)

これを読むと、吉本隆明が老いの一徹の病膏肓であることが分かる。『毎日新聞』のインタビュアーの記事が伝えるところでは、吉本隆明は客室に「四つんばいで現われた」そうだが、いやはや、「四つんばい」になっても死ぬ間際まで原発にしがみつくとは、観念の亡者のすさまじい執念というほかない。さすがに、次女の吉本ばななは見るに見かねて、ツィッターで父親の発言を〝まだらボケ〟のせいにしてかわそうとしたようだが、これは事実に反する苦しい言い訳だと思う。

このうち、『撃論』は「新右翼」ないしは「新・新右翼」の雑誌で、吉本隆明と並んで自衛隊の元航空幕僚長の田母神俊雄、自民党の派閥の領袖の町村信孝などが登場し、田母神俊雄にいたっては「福島の放射能避難は〝平成の強制連行〟だ」、と鬼面人を驚かす論文を発表している。つまり、自称「新左翼」ないしは「新・新左翼」の吉本隆明は、実のところ最晩年に遺憾なく露呈したように、青少年期の「新右翼」ないしは「新・新右翼」に先祖返りしたということなのである。

さきの東京講演「原子力マフィア——最新の状況と資料を踏まえて」で批判しておいたように、「『反原発』で猿になる！」と遠吠えしている吉本隆明は、それに同調して吠え合っている石原慎太郎ともども、かれらの言う「猿族の仲間」である。さきほどさわりを抜粋した吉本隆明の晩年の最後っぺを読んで、わたしが感じることを述べておきたいと思う。

第一に、さきにも書いた通り、吉本隆明の根本的な誤謬が科学と技術を区別せず、それらをごちゃまぜにしているということである。

第二に、たしかに頭脳や知識や科学は後戻りできず高度になり得るとしても、技術が元に戻ったり別のものに代替することがあるのは当たり前だということである。

第三に、原発をやめることが、人類の進化や文明の発達や近代の考え方をやめることでは、まったくないということである。

要するに、吉本隆明の科学観と科学技術観は、東工大で電気化学を学んだ者の言うことかと思われるくらい、まことにお粗末で恥ずかしいくらいのものだということである。

その点、あとで要点をかいつまんで紹介するように、ノーベル賞の科学者と比較するのも失礼かも知れないが、湯川秀樹や朝永振一郎の科学についての考え方は、パグウォッシュ会議の「科学者の社会的責任」という自らの問いかけをくぐり抜けただけのことはあって、吉本隆明のような甘ちゃんのノーテンキに比べてはるかに厳しいものである。

3・11のフクシマ以後、遅ればせに共産党も脱原発へと舵を切った。ところが、舵を切れずに、風車に立ち向かうドン・キホーテさながら、まるで老年特攻隊のように原発に向かって突撃し、名誉の戦死を遂げたのが吉本隆明だったのである。吉本隆明の信者たちは、中沢新一のような才能ある文化人類学者ないしは宗教学者も含めて、「吉本さんはエライ。クルクル考えを変えない。一貫している」、と考えを変えない教祖を評価している。

ある一貫した姿勢で時代に批判的に臨むのは必要なことだが、およそ時代や歴史とともに更新されたり改変されたりしないような思想は史上どこにもない。さきの信者たちの賛辞は、まさしく吉本隆明と信者たちが思想的に死んでいるか、もしくは、仮死状態にあることを裏返しに物語る。わたしが「オウム真理教」にならって「吉本真理教」と名づけるゆえんである。真理教の教祖というのは絶対に錯誤を犯さず、つねに永遠に真理を体現して正しくなければならず、教祖がクルクル考えを変えていたら、権威を保てないというわけだ。

自ら真理教の教祖格の吉本隆明は、「教祖は教祖を知る」というわけでもあるまいが、オウム真理教の麻原彰晃を世界有数の「宗教家」「思想家」と九天の高みに持ち上げてホメそやし、いまだこの考えを一度も訂正していない。麻原彰晃が葬り去られてはならない思想の持ち主だと評価するのは吉本隆明だけではない。中沢新一もまた地下鉄サリン事件のあとの論文で、麻原彰晃とオウム真理教の思想は、「今回のいまわしい事件」によって「葬り去られてよいものではない」と書いている。

「僕は今でも、たぶん中沢新一さんのようにヨガやチベット仏教について知っている人よりも、麻原さんの存在を重く評価していると思います。うんと極端なことをいうと、麻原さんはマスコミが否定できるほどちゃちな人ではないと思っています。これは思い過ごしかもしれませんが、僕は現存する仏教系の修行者の中で世界有数の人ではないかというくらい高く評価しています。」

「僕は思想家麻原彰晃を評価する根拠が1点あるんです。……やっぱり相当な思想家だと思います。」「麻原彰晃、つまりオウム真理教というのは、そんなに否定すべき殺人集団ではないよ。この人は宗教家としては現存する世界では有数の人だよ。」（吉本隆明『超資本主義』、徳間書店、１９９５年）

二人の教祖・麻原彰晃と吉本隆明

「（中沢新一を先生と呼ぶ麻原彰晃が横浜の弁護士一家の失踪事件を否定したことに関連して）では〝尊師〟は〝先生〟を前に、はっきり否定なさるわけですね。」「わかりました。もうこの問題には立ち入りません。」「宗教がそのニヒリズムを突き破って、生命と意識の根源にたどりつこうとするならば、どうしてもそれは反社会性や、狂気としての性格を帯びるようになるのではないでしょうか。ですから、その点については、オウム真理教の主張していることは、基本的に、まちがっていないと思います。」（麻原彰晃の日本出国直前の中沢新一の独占会見「〝狂

気〟がなければ宗教じゃない」、『ＳＰＡ！』１９８９年12月6日号所収）
「麻原彰晃とオウム真理教には、たしかになんらかの思想があった、と私は思う。それはたしかに、大きなものでも、深いものでも、また新しい可能性をもったものでもないだろう。しかし、そこにあった思想は、今回のいまわしい事件（地下鉄サリン事件）によって、まったく一顧だにされる価値のないものとして、葬り去られてよいものではない、と私は考える。」（中沢新一「『尊師』のニヒリズム」、中沢新一責任編集『オウム真理教の深層』、青土社、１９９５年所収）

いずれこれらの言説は厳密に検証され後世の歴史の審判を受けるであろう。周知のように、オウム真理教はヨーガをダシに信者を誘い込み、松本サリン事件や地下鉄サリン事件に至ったのだ。その昔、文学者の戦争責任によせた吉本隆明の「アクシスの問題」（『異端と正系』、未来社、１９６０年所収）の論法をそのまま返して、「文学評価のアクシス」ならぬ「宗教評価のアクシス」と「歴史評価のアクシス」は切り離せない、とわたしは言いたい。いまでは誰もが知るように、麻原彰晃のヨーガは口先や字面の言葉はともかく、呼び込みのとんでもないクワセモノだったではないか。

オウム真理教による地下鉄サリン事件の以前に、中沢新一はオウム真理教の麻原彰晃と二回対談している。さきに引用したのは1回目の対談だが、それは坂本弁護士一家殺害事件のオウム犯行説を打ち消す広告塔の役割を果たしている。2回目の対談は「オウム真理教はそんなにメチャメチャな宗教なのか」（『ＢＲＵＴＵＳ』１９９１年12月18日号）で、密教の持つ「未来倫理的な可能性」に寄せて、「今のお話をうかがっていると、麻原さんがなぜ、密教の価値を強調してこられたのか、分かる気がします」、とオウム真理教を弁護している。

最近、オウム真理教の指名手配犯の高橋克也が逮捕されたが、かれの所持していた書物のなかには麻原彰晃の著書やビデオとともに、中沢新一の著書『三万年の死の教え――チベット「死者の書」の世界』（角川書店、１９９３年／角川文庫、１９９６年）の文庫本が含まれていたと伝えられた。

中沢新一がラマ・ケツン・サンポとの共著『虹の階梯――チベット密教の瞑想修行』（平河出版社、１９８１年／中公文庫、１９９３年）などで紹介したチベット密教の教え、なかんずく、「タントラ・ヴァジュラヤーナ」の教義はオウム真理教がサリン事件を引き起こす決定的な〝引き金〟となった教義である。「ポア」という言葉も中沢自身が「あれは僕の本からの極端な盗用です」と認めた通りである。

むろん、いったん公刊された書物はしばしば一人歩きするものだし、その書物の影響を受けた事件でいちいち著者が責任を問われなければならない謂われはない。しかし、「〈宗教学者・中沢新一〉なんてもう終わりにします」（『週刊プレイボーイ』１９９５年4月25日号の中沢新一インタビュー「宗教学者・中沢の死」）、という地下鉄サリン事件後の中沢自身の言葉で頬かむりできない問題でもあるはずだ。

それはわたしが本書で取り上げたテーマの核兵器や原発とはまた違った意味と領域で、科学と政治（ここでは犯罪）、科学と倫理、そして、科学者（ここでは宗教学者）の社会的責任が問われるデリケートなケースだからである。

あとで科学の方法のところで強調するように、人間は誰しも過ちを犯すものだし、また誤ちから学び得るものである。にもかかわらず、逆に開き直って過ちを正さず、永遠の真理を唱えるところに、真理教の教祖と信者の共同体が成立する。自らの過ちに開き直るのが真理教の教祖だが、わたしに言わせれば教祖も教祖なら信者も信者である。これは〝公式の真理教〟たるオウム真理教にも、あるいはまた、〝非公式の真理教〟たる吉本真理教にも当てはまることである。

第7章 福島第一原発事故と科学者の社会的責任
――科学・技術・倫理・責任――

●3・11と御用学者

これまでの考察から明らかなように、3・11の福島第一原発事故でクローズアップされた原子力の御用学者の歴史的ルーツは、明治以後の近代日本の「科学の制度化」ないしは「科学の体制化」までさかのぼり、なかんずく、「帝国主義科学」ないしは「植民地科学」の落とし子である。

中曽根康弘がボヤボヤしている学者たちのほっぺたを札束でひっぱたいて以来、自民党政権下の政府・官庁と電力会社をはじめとする原子力産業は、いわゆる原子力の御用学者の育成と活用――もっと平たく言えば、「研究費」や「補助金」、あるいはまた、「寄付講座」などの名目による買収を系統的に進めてきた。

原子力の御用学者は旧帝大と東工大の8大学を主要な供給源としている。帝大つまり帝国大学が明治の日清・日露戦争以来、戦争とともに成長してきたことは、冒頭でも強調した通りである。その帝国大学の罪深い体質は、もう一つの戦争ともいうべき今日の原子力戦争で、あらためて装い新たによみがえっている。

政府官庁と原子力産業が養成した大学の御用学者たちが、大学の研究機関だけでなく原子力委員会や原子力安全委員会など原子力行政の要所に配置されて、原子力推進体制を産官学一体で支え、いざ原発の大事故になるや出番とばかりに、自らの役割の演技を引き受けることは言うまでもない。

福島第一原発事故で東大の関村直人や岡本孝司、京大の山名元や阪大の山口彰などの御用学者が相次いで登場し、まるでオウムのように「大丈夫です」「心配いりません」「健康に影響はありません」と大惨事の〝火消し役〟をつとめてきたことは記憶に新しいところだ。

これら御用学者には、原子力産業から「研究費」や「寄付金」の名目で、一人当たり何百万円から何千万円の単位に及ぶ、膨大な資金が提供されてきた。デタラメハルキをニック・ネームとする原子力委員長の班目春樹は、東大教授時代に三菱重工から毎年１００万円を受け取っていた。そのカネの流れの一端は、『原子力マフィア——原発利権に群がる人びと』で取り上げているが、これとはべつに「寄付講座」の名目でばらまかれているカネが10億円以上にのぼると言われる。

東大には東電がらみで6億円もの寄付講座があった。「核燃料サイクル社会工学」など原子力推進講座がほとんどである。東電の寄付講座は東大以外に東工大、東北大、新潟大、横浜国立大などにも及んでいる。東電だけでなく東芝や三菱重工などの資金提供による寄付講座は、これら電力会社や原子力産業が資金の提供と引き換えに、自分たちの人材を「特任教授」などのかたちで大学に送り込むルートにもなっている。

これら御用学者を育成し活用するルートとして、政府・官庁の原子力関連の委員会や審議会の委員の選任、あるいはまた、文部科学省の大学人事による昇進や出世への影響力の行使もある。ウマの鼻先にぶら下げるニンジンさながら、カネと地位は御用学者たちを引き寄せるうま味のあるエサである。

この原子力に従属した大学と御用学者の姿は、政府・官庁や原子力産業と構造的に癒着した大学が産官学一体で国策として推進する、いわば「原子力帝国」の「原子力植民地」を象徴する。それゆえ、原子力の御用学者たちは、このような新たな意味での「帝国主義科学」や「植民地科学」に従事している、と考えてもおかしくないのだ。

わたしはここではっきりと言っておきたい。3・11で明るみに出た原子力の御用学者たちは、「科学の売春婦」

原子力マフィアの相関図

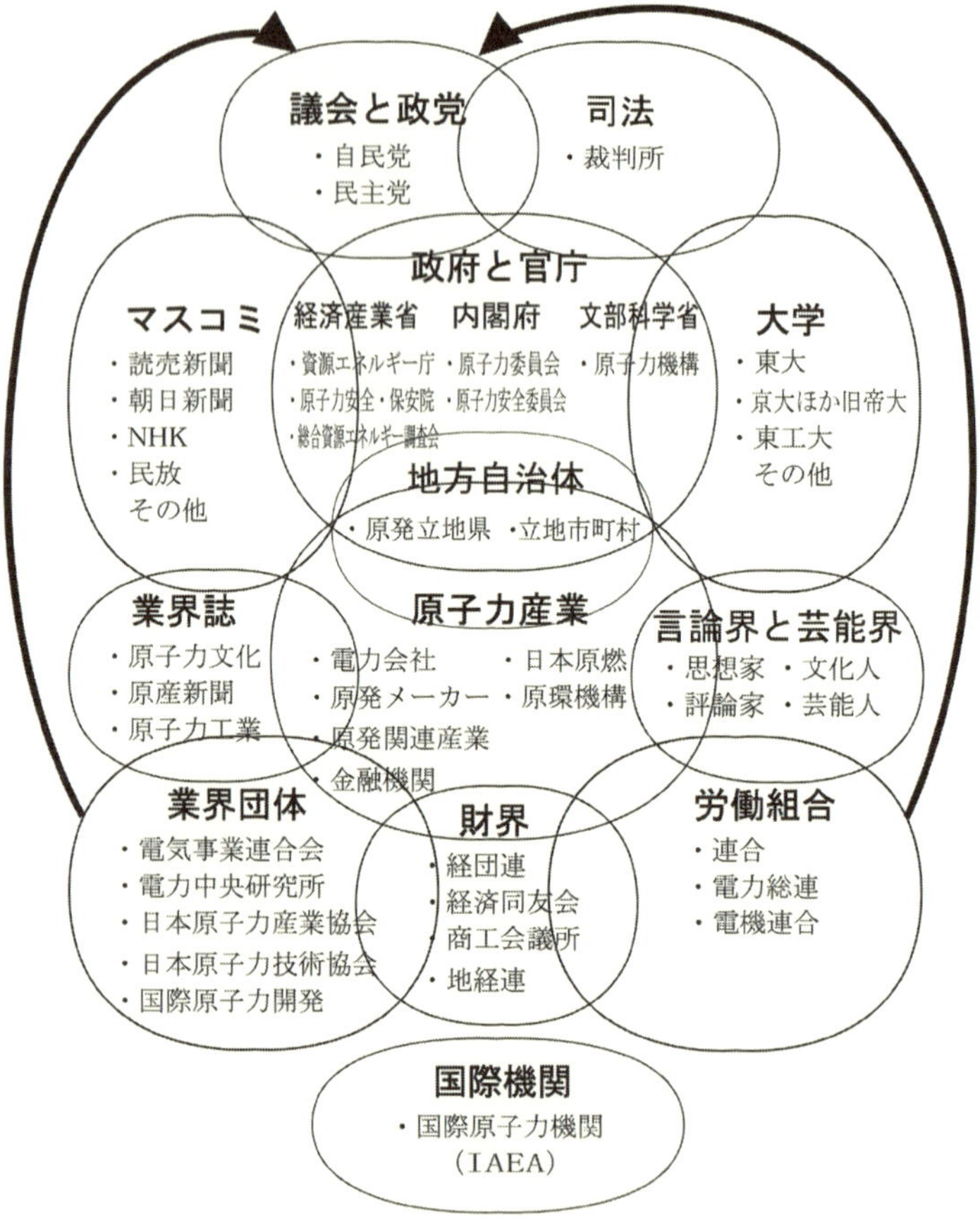

であり「政治の奴隷」である。「政治」は「科学」を道具に使い、「科学」は「政治」に隷属している。御用学者たちは科学を曲げて売って市民を惑わし、それと引き換えに原子力産業や政府官庁からカネと地位を得ている。

それは明治以来の「科学の制度化」ないしは「科学の体制化」の一帰結とはいえ、わたしのいわゆる「原子力マフィア」なる「原発翼賛体制」に身を投じたかれらは、3・11とフクシマに大きな責任を負っていることを忘れてはならない。

これら御用学者を大量に

排出してきた大学は、わたしが『原子力マフィア――原発利権に群がる人びと』でも取り上げた「原子力マフィアの相関図」で示すように、政府・官庁と原子力産業が大学や報道や司法や労働組合を巻き込んで進める、七角形ないしは八角形の「原子力マフィア」の「原発翼賛体制」の重要な一角を占めているのだ。

ついでながら、現在の民主党政権は文字通り〝第二自民党〟であって、電力会社は自民党に、労働組合の電力総連は民主党に献金し、この二大政党を両翼から双交いじめにしてきた。そのナレの果てが自民党との大連立に向かう民主党の野田佳彦政権であり、それは装い新たな原発再推進の大政翼賛会の出現を予感させる。

●科学と技術

科学と技術ないしは科学技術は、明確に区別されるべきもので、両者は混同されてはならない。そのうえで、科学が世界観や党派性によって左右されるべきものでないことも、強調しておく必要がある。

まず、科学についていうと、自然科学であれ社会科学であれ、つまり自然や社会や歴史の認識は仮説を立て、実験や観察のふるいにかけ、その仮説の絶えざる修正や更新によって深められていく。それゆえ、科学の方法はどこまでも、カール・ポパーのいう「推測と反駁」の方法である。そのポパーの科学論のさわりを示しておく。

「われわれは自己の錯誤から学びうる。」

「知識、とりわけわれわれの科学的知識が進歩するのは、正当化されない（そして正当化できない）予見、推量、諸問題に対する暫定的な解答、つまり推測によるのである。こうした推測は批判、すなわち、厳しい批判的なテストを含む反証の試みに支えられている。」

「一つの理論――すなわち、われわれの問題に対するまじめな暫定的解決策――の反証そのものが、常にわれわれわれを真理へ一歩近づけることになる。そして、このことが、われわれは自己の錯誤から学びうるということの意味なのである。」（カール・ポパー、藤本隆志・石垣壽郎・森博訳『推測と反駁』、法政大学出版局、1980年）

ポパーの哲学は科学論にとどまらず、社会哲学や政治哲学など広範な領域にわたるが、ここでは科学論に限定して評価する。いま引用した「われわれは自己の錯誤から学びうる」は、吉本隆明と吉本真理教をはじめすべての真理教の信者たちに捧げたい言葉である。なぜなら、人間は誰しも誤るものだし、その誤りから学び得るものだからである。

ところで、ポパーの所説に関連して言えば、自然や社会や歴史はマルクス主義者のいわゆる弁証法によって動いているわけではない。かりに弁証法的に動いているかのように見えることがあっても、弁証法なる事実や観念ないしは言葉や比喩が、自然や社会や歴史を動かしているわけではない。たとえば、武谷三男は『弁証法の諸問題』で、つぎのように書いている。

「自然はそれ自身弁証法なのである」「自然弁証法は自然自体の弁証法であります」「自然弁証法は自然科学の方法論であるのみでなく、個別科学そのものの骨組をあらわす。」（武谷三男『弁証法の諸問題』正・続、理論社、1960年、1961年）

しかし、これは完全な間違いであって、「自然」は「弁証法」ではないし、「自然科学の方法論」は「自然弁証法」ではなく、あくまで「推測と反駁」という「科学の方法」にある。弁証法はソクラテスの問答対話を起源とするが、この起源そのものからして弁証法は科学と対立するものだったのである。

むろん、唯物論は重要である。それは自然や社会や歴史の認識においても、唯物論が万能であるかのような見方はべつとして、唯物論的な見方は否定されるべきではない。わたしの考え方を整理して示すと、マルクス主義の自然弁証法や弁証法的唯物論は間違っているが、唯物論や史的唯物論ないしは唯物史観は、教条主義的で万能主義的な解釈は排除するとして、少なくとも自然や社会や歴史の認識に取り入れるべきものである。

吉本隆明は「自然弁証法」や「弁証法的唯物論」の概念は使わないが、「自然史的過程」とか「自然史的必然性」といった言葉で科学や科学技術の発達を理解し、その延長線上で「いったん獲得された技術」だから「原発はとめられない」と主張している。

「つまり科学技術の発達は制度の問題というより自然本質の問題ですから、いったん獲得された技術はとめられないでしょう。」（吉本隆明・山本哲士『教育 学校 思想』、日本エディタースクール出版部、１９８３年）

「科学技術は、それが危険であろうとなかろうと、中立であり、そこには政治性は入る余地はない」（日本原子力文化振興財団『原子力文化』、１９９４年10月号の巻頭インタビュー「苦しくても倫理的非難を越えて」）

まさしく〝井の中の蛙〟というべきか、「吉本真理教の信者」のいわゆる「戦後最大の思想家」とやらが、古代ギリシア以来の「ピュシス」と「ノモス」、ないしは、「ピュシス」と「テクネ」の区別すら弁えていないことに驚くが、吉本隆明の見解はまったく逆立ちしている。

わたしは『原子力マフィア——原発利権に群がる人びと』でこの吉本隆明の言説を評して、「バベルの塔のごとく無限に発達する科学技術の神話」と批判したが、科学技術は吉本隆明のいわゆる「自然本質の問題」や「自然史的過程」に属するのではなくして、まさしく「制度の問題」にかかわる「歴史的行為」なのである。

冒頭から近代の日本の科学の歴史を見てきたように、科学ですら政治的枠組ないしは政治経済的枠組によって選択や方向づけがなされ、その結果として広重徹のいわゆる「科学の制度化」ないしは「科学の体制化」と呼ぶべき事象が生じていることは疑えない。

それが技術ないしは科学技術となると、歴史の動向によってもっと直接的かつ全面的に、政治的枠組ないしは政治経済的枠組によって左右され規定されることになる。つまり、「テクノロジーの制度化」あるいは「社会制度としてのテクノロジー」は、より顕著に観察できる。

それゆえ、テクノロジーは中立なのものだ、とする中立説は完全に間違っている。これについては、イギリスのオールタナティブ・テクノロジー理論家デイビッド・ディクソンの、つぎの見解が正しいとわたしは考える。

「テクノロジーは、社会がその権力構造を支持強化するための物質的手段を、個々の機械という形で提供するだけではない。それは、同時に、一つの社会制度として、この社会構造を、その設計のうちに反映する。ある社会のテクノロジーは、決して、その社会の権力構造と切り離すことはできず、したがって、テクノロジーは決して政治的に中立なものとみなすことはできないのである。」(デイビッド・ディクソン、田窪雅文訳『オールタナティブ・テクノロジー』、時事通信社、1980年)

たとえば、原爆の製造しかり、原発の開発しかり。わたしのいわゆる巨大な原子力マフィアの利益複合体による原発翼賛体制を見れば明らかなように、それは科学技術の展開がそれ自体で自然史的過程に属する、とする吉本隆明の見方と〝さかしま〟の現実をむき出しにしている。吉本隆明の「科学」や「科学技術」は足のない蛸か糸の切れた凧のように、まったく宙に浮いて一人芝居を演じている、空の空なる観念でしかないのである。

●科学と倫理

３・11のフクシマでわたしたちは「科学者の社会的責任」を問わなければならない。「科学者の社会的責任」を最初に自覚した一人は、アメリカのマンハッタン計画を後押ししたアインシュタインである。

アインシュタインは１９５４年にある雑誌のインタビューで、もし人生をやり直せるものなら、科学者や学者や教師にはならず、「ブリキ職人か行商人」になることを選ぶ、と語ったと伝えられる。そこには科学者としての自責の念のようなものが感じられる。１９５５年7月の「ラッセル・アインシュタイン宣言」、並びに、一九五七年七月から始まる「パグウォシュ会議」は、その精神の発露とも言えよう。パグウォッシュ会議は「科学者の社会的責任」というテーマも扱い、一方に科学的真理追究の自由を置き、他方にそれが生み出した核エネルギーの平和的利用は推進するが、兵器としての使用は禁止するという二元的なスタンスであった。これにいち早く異を唱えたのは、文学者の唐木順三である。

アインシュタイン

「パグウォッシュの科学者たちは、原子核エネルギイによつて、『人類は新しい時代に入つた』といひ、科学と技術の非可逆性をいひ、科学的精神の自由をいひながら、平和と福祉を念願し、社会的責任をみづからに課した。これは世界観としては統一されてゐず、科学者らしくと人間らしくとは統一されてゐないが、この問題提起を思想家はいつそう深いところで考へなければならない。」

「科学と技術の進歩の非可逆性ははたして文明の非可逆性に通じるであらうか。科学技術の非可逆的な進歩が、文明、したがつてまた人間を逆行させ、或ひは喪失させるといふことは、夢でも幻でもないではないか。」（雑誌『信濃教育』１９６０年10月号、唐木順三『「科学者の社会的責任」についての覚え書』、筑摩書房、１９６０年所収）

唐木順三の提起した問題についてのわたしに意見を述べると、まず「科学の探求」と「科学の応用」は区別されなければならない。もちろん、科学者は「科学の探求」の「自由」を持つが、その「科学の応用」とりわけ応用の産物としての「技術ないしは科学技術」に対しては、「科学者として社会的責任」を負わねばならない。

これに関連して、唐木順三が引用しているドイツのワイツェッカー（ヴァイツゼッカー）は、「発見」と「発明」を区別したうえで、「原子核の分裂に関する（オットー・）ハーンの実験は発見であったし、爆弾の製造は発明だ」として、科学者は科学上の「発見者」には責任はないが、原爆の「発明者」には責任がある、との見解を表明している。これはおおむね正しいのではないかとわたしは思う。

いま取り上げた唐木順三の見解のうち、科学と技術の進歩の非可逆性が文明の非可逆性とイコールではない、というのもわたしは正しいと思うし、これはちょっとでもいいから、吉本隆明に煎じて飲ませたいくらいのものである。

ノーベル物理学賞を受賞した湯川秀樹や朝永振一郎も、パグウォッシュ会議の流れを汲み、「科学者の社会的責任」を自覚している科学者で、ノーテンキな文芸批評家の吉本隆明などとは比べものにならないくらい、はるかに厳しい倫理を持っていた。

さきに、戦後の湯川秀樹の「科学者の社会的責任」についての見解を紹介したが、べつのエッセイでも自然科学の両極端に位置する数学と医学の二つを取り上げ、論理的矛盾の有無の判断に立脚した数学に比べて、ヒポクラテスの昔から医学は道徳的判断や社会的責任を伴うもので、自然科学のさまざまな分野はこの両極端の中間のどこかに位置すると指摘している。それでは、核時代の焦点ともいえる物理学はどうかといえば、やはり戦後のエッセイで、本来なら数学に近い物理学もまた社会的責任を問われるに至ったとしている。

唐木順三が湯川秀樹以上にその責任の自覚を評価する朝永振一郎もまた、パグウォッシュ会議への参加を通して「科学者の社会的責任」の自覚を深めていった科学者で、湯川秀樹と同様――いや、湯川秀樹以上に、この問題を深刻に認識するに至った。すなわち、つぎに取り上げる戦後のエッセイや著書などで、いまや科学は自然の解釈や認識の段階に止まるものではなく、現代の文明において科学・技術・政治が相関関係で動いていると感じ取っているのだ。

朝永振一郎

「物理学はその本来の性格においては数学に近いかもしれないが、物理学の成果が人間社会で利用あるいは悪用されるという道筋を通じて、ヒューマニズムとより密接につながらざるを得なくなったのである。このつながりが実際あるのに、目をつぶって知らん顔はできなくなった。」

「私はモラルの問題が、どこまでいっても、いつも根本の立場を規定するものとしてあると思う。それを忘れていつのまにか根本の立場をふみはずしていたために、とんでもない結論に導かれてしまうことが珍しくない。」

（湯川秀樹「科学者の責任」、１９６２年、前掲『湯川秀樹著作集５』所収）

「かつては科学者は自分の専門の研究だけをしていればよかったが、今では、その研究の成果が人類に何をもたらすかをよく見定め、善についても悪についても、世の人びとにそれを周知させ、警告する仕事を引き受けねばならない。科学者がこれを引き受けねばならない理由は、科学者はその発見のもたらすものを普通の人びとより、より早く、より深く知っているからである」（『教育大学新聞』１９６０年五5月25日の朝永振一郎「戦争と科学者の責任」、『朝永振一郎著作集5』、みすず書房、１９８２年所収）

「科学のつくり出すものが恐ろしければ、そういうものをつくらなければいい、そういうものを拒否すればいい。そういうものを拒否するのは理性的な判断であるはずなのに、なぜ逆に恐ろしいほどにそれをつくらずにいられないのか。いったいどういう状況のもとでそういう奇妙なことがおこるのか。どういうわけでそんなパラドクスが起こるのか、どうして逆説的な行動を科学者や技術者が、あるいは政治家がするのかということですね。それはどういう経過で原子爆弾というようなものがこの世に出現したかということをちょっと考えてみると、そのわけがわかるように私は思うんです。」（朝永振一郎『物理学とは何だろうか』下、岩波新書、１９７９年）

湯川秀樹も朝永振一郎も、「科学の成果」が「人間の社会」に「利用」されたり「悪用」されたりするので、科学者は「科学の応用」にさいして「モラル」ないしは「倫理」の問題に向き合わねばならない、といみじくも言っている。

やはり、厳しい第一線の科学者と一介の詩人ないしは文芸批評家の違いか。この点、吉本隆明はア・モラルで、科学は「モラル」や「倫理」と「無関係」かつ「中立的」なものだ、とモラルの問題から逃げ出しトンズラを決め込んでいる。

わたしは『原子力マフィア——原発利権に群がる人びと』の第3章「A級戦犯の戦後思想家——原子力業界の

PRでピエロを演じ続ける吉本隆明」で、「科学」を「倫理的・政治的な課題」の審判者とする吉本隆明の見解は完全に逆立ちしており、「倫理的・政治的」な判断こそが「科学」の上級審廷だと強調した。

つまり、「科学」は生活し活動する人間に「物事の善悪」を指示したり教えたりするものではなく、まったく逆に「物事の善悪」の判断は生活し活動する人間の「歴史的決断」に委ねられているのだ。このように見てくると、吉本隆明が「科学」と「科学技術」の混同に加えて、「科学」と「倫理」の関係を逆立ちさせていることは、いまや一点の曇りもなく明らかとなる。

さきに引用した湯川秀樹や朝永振一郎の言葉は、吉本隆明はもちろんのこと今日の科学者たち、なかんずく、3・11に責任を負う御用学者たちに煎じ薬として飲ませたい発言である。むろん、電力会社や政府のカネや地位に目のくらんだ程度の低い御用学者たちを、ノーベル賞級の学者と比較するのは酷かも知れないが、それにしても科学者の質も品もずいぶん堕ちたものだと感じざるを得ない昨今である。

●御用学者 vs 市民科学者

最後に、明治以来の富国強兵政策と帝国主義政策から、今日の3・11のフクシマに至るまで、滔々たる「御用科学」と「御用学者」の流れに抗して、大学の序列や地位に逆らい、言葉の真の意味での科学者として、自らの仕事と活動に打ち込んできた人たちが、少数ながらいることを忘れてはならない。わたしが『原子力マフィア ― 原発利権に群がる人びと』でも取り上げた「市民科学者」たちである。

「市民科学者」という言葉は、高木仁三郎の『市民科学者として生きる』から拝借したものだが、その語源についてつぎのような説明がある。

「それは、私の友人のフランク・フォン・ヒッペル（プリンストン大学教授）が、自らの本のタイトルとして使ったものだったからだ。文字通り"Citizen Scientist"（The American Institute of Physics ,1991 ）と題するこの本は、「市民としての科学者（scientist as citizens）」を自認するフランクが、軍縮や環境などの市民が関心をもつような分野を「市民科学」と呼んでそれを専門とするようになったいきさつ（彼はもとは素粒子物理学専攻）と、その作業の中から生まれたいくつかの論文を集めた一種の論文集である。」

「この本を読んで、１９６０年代末くらいから、似たようなことを世界のあちこちで考え行動し始めた人が少なくなかったことについて、思いを新たにした。しかし、そのような自らの営みを、市民科学者 citizen scientist とずばっと明快に言い切ったのは、彼が初めてだろう。」（高木仁三郎『市民科学者として生きる』、岩波新書、１９９９年）

高木仁三郎

わたしの考えを少し付け加えておくと、「市民科学者」とは素人の日曜大工のたぐいの日曜科学を営む人のことではなく、企業や権力におもねる体制内の科学者に対抗して、市民の立場に身を置いて専門的な研究の蓄積を批判的に生かす、いわば批判的でオルターナティブな科学者を指す。

カール・ポパーのいわゆる「科学の方法」の「推測と反駁」のところでも触れたように、「反駁」つまり「批判」は科学の品質証明である。それゆえ、批判的な精神は科学の精神である。この批判的な精神を失った科学者は、それだけで科学者として失格しているに等しい。今日の右も左も見渡す限りの圧倒的な「御用学者」たちの群れに取り囲まれて、「市民科学者」はそれだけ自らの批判的な精神を研ぎ澄まさなければならないのだ。

そのような「市民科学者」つまり「批判的科学者」としては、わたしが山陰の鳥取における青谷原発立地阻止運動や人形峠ウラン鉱害問題などで直接出合っただけでも、原子力に関連して高木仁三郎、久米三四郎、小出裕章、槌田敦、市川定夫、生越忠、室田武、水口憲哉、藤田祐幸、今中哲二といった科学者の名前がすぐ浮かぶ。わたしは直接の面識はないが、石橋克彦のような地震学者や大島賢一のような経済学者も、ここに加えておかなければなるまい。

3・11のフクシマ以後、小出裕章の著書がベストセラーになって広く読まれているのは、市民たちが有象無象の「御用学者」たちの情報を信用せず、本当の情報や科学者の本当の判断を求めていることを、いわば問わず語りに明らかにしている。大きな流れに抗して、こうした「市民科学者」つまり「本当の科学者」の発言に、市民たちが耳を傾ける傾向は喜ばしく、ここにわたしたちは希望をつなぐことができる。

わたしは「御用学者」vs「市民科学者」の構図を立てた。これは「御用学者」vs「本物の科学者」の対立に置き換えてもいい。さきほど原子力の御用学者は「科学の売春婦」であり「政治の奴隷」だと酷評したが、高木仁三郎にしても小出裕章にしても、かれらが原子力の専門家として原子力産業や原子力研究所のなかにありながら原子力批判に転じたのは、いずれも「批判的精神」をもつ「本物の科学者」だったからだ。

高木仁三郎や小出裕章をはじめとする「市民科学者」たちは、ある意味で前世代の湯川秀樹や朝永振一郎とりわけ朝永振一郎の遺言

小出裕章

を実践し、かれらが危惧していた「科学の応用」ないしは「悪用」の問題に立ち向かい、まさしく「科学者」としての良心と信念に基づいて、その危険性を市民たちにいち早く周知させ警告する仕事を引き受けてきた。

さきに朝永振一郎の意味深い言葉を引用したが、「科学者」は「その発見のもたらすものを普通の人びとより、より早く、より深く知っている」のであるから、「その研究の成果が人類に何をもたらすかをよく見定め、善についても悪についても、世の人びとにそれを周知させ、警告する仕事を引き受けねばならない」からである。

ここで、「御用学者」と「市民科学者」ないしは「批判的精神」をもつ「本物の科学者」を分かつキイ・ポイントが、湯川秀樹や朝永振一郎がいみじくも認識していた「モラル」あるいは「倫理」の問題であることを指摘しておこう。ア・モラルな倫理なき科学者はカネや地位にも弱いし、それを馬の鼻先のニンジンのようにブラ下げられると、ダボハゼのように食らい付いて、唯々諾々と企業や権力のタイコモチ、いわゆる「御用学者」になり下がる。

なにしろ、「石川や浜の真砂は尽きるとも、世に盗人の種は尽きまじ」といった言葉が口をついて出てくるほど、昨今の日本は「盗人」ならぬ「御用学者」に占拠され汚染された風土である。こうした圧倒的な「御用学者」の「共同体」からはみ出て、なおかつ真実を探求し活動して市民に情報を提供する者――それが、わたしのいう「批判的精神」をもった「市民科学者」、すなわち、「本物の科学者」としての「科学者」なのである。

あとがき

本書は2012年5月17日の東京・阿佐ヶ谷市民講座の講演「3・11と科学者の責任」をもとに、若干の論点と資料を付け加えて新たに書き下ろしたものである。

わたしは明治以来の科学と政治の関係に着目しつつ、3・11のフクシマへと至る科学者と政治家の原発責任をあらためて追及した。

それはフクシマの大惨事を契機に、科学とは何か、科学と技術、科学と倫理、科学者の社会的責任、といったテーマを考え直す得難い機会になった。

フクシマの大惨事が何一つ解決されず、しかも大飯原発の再稼働というゆゆしき事態の最中、新体制でスタートしたばかりの三一書房から小番伊佐夫さんと高秀美さんのお世話で、急きょ本書を出版することになった。

三一書房といえば、湯川秀樹が1950年に共著（井上健、湯川秀樹、伏見康治、坂田昌一）で『物理学の方向』を出版したこともある出版社である。

いまから15年前、わたしが刊行した『都市論〔その文明史的考察〕』の出版元も三一書房で、そのころ編集部にいた三角忠さんに拙著の担当をしてもらった。

その三角忠さんが阿佐ヶ谷市民講座の呼びかけ人の一人であり、かれを通して本書のもとになった講演の依頼を受けたのも何かの縁かも知れない。

この場を借りて、お世話になった阿佐ヶ谷市民講座の皆様、並びに、三一書房の関係者の皆様に感謝申し上げたい。

●著者プロフィル

土井　淑平（どい・よしひら）

鳥取市生まれ。早稲田大学政治経済学部卒。元共同通信社勤務。市民活動家。さよなら島根原発根ネットワーク会員。ウラン残土市民会議運営委員。

"Think Globally、Act Locally"（地球規模で考え、地域で活動する）をモットーに、四日市公害（1960年代）、川内原発建設反対（1970年代）、青谷原発立地阻止（1980年代）、人形峠ウラン鉱害（1980年代末から今日まで）、などの市民運動に取り組む。

著書に、『反核・反原発・エコロジー――吉本隆明の政治思想批判』（批評社、1986年）、小出裕章との共著『人形峠ウラン鉱害裁判』（批評社、2001年）、『原子力マフィア――原発利権に群がる人びと』（編集工房朔、星雲社発売、2011年）、『放射性廃棄物のアポリア――フクシマ・人形峠・チェルノブイリ』（農文協、2012年）、小出裕章との共著『原発のないふるさとを』（批評社、2012年）など。

このほか、『都市論〔その文明史的考察〕』（三一書房、1997年）、『アメリカ新大陸の略奪と近代資本主義の誕生――イラク戦争批判序説 』（編集工房朔、星雲社発売、2009年）。

さんいちブックレット 008

原発と御用学者

―湯川秀樹から吉本隆明まで

2012年9月15日　第1版第1刷発行

著　　者　土井　淑平
発 行 者　小番　伊佐夫
印刷製本　シナノ印刷株式会社
デザイン・DTP　オフィス・ムーヴ
発 行 所　株式会社　三一書房
〒101-0051　東京都千代田区神田神保町3-1-6
Tel:03-6268-9714
Mail:info@31shobo.com
URL:http://31shobo.com/

Printed in Japan
ISBN:978-4-380-12807-3 C0036
乱丁・落丁本は、お取り替えいたします。

●さんいちブックレット　既刊

■A5判　ソフトカバー

■定価　各巻：本体1000円＋税

001

原発民衆法廷①　東京公判

——福島事故は犯罪だ！　東電・政府の刑事責任を問う

002

原発民衆法廷②　大阪公判

——関電・大飯、美浜、高浜と四電・伊方の再稼働を問う

003

原発民衆法廷③　郡山公判

——福島事故は犯罪だ！　東電・政府、有罪！

原発を問う民衆法廷実行委員会編

福島原発事故のように日本在住者のみならず、人類全体の生活・生存を脅かす原発災害を2度と起こさせないために、事故の責任を負うべき指導者を道義的に裁く。

004

あぶないハーブ

——脱法ドラッグ新時代

小森 榮 著

「ハーブ」「お香」などと呼ばれているが、その実態は乾燥植物片に「合成カンナビノイド」という化学成分を添加したもの。脱法ドラッグをめぐる過去、現在、これからを解説。

008

原発と御用学者

——湯川秀樹から吉本隆明まで

土井淑平 著

「原子力マフィア」の一角を占める大学や研究機関から、大量の御用学者が排出されている。日本の科学者と政治家の社会的責任を歴史的観点から追及する。